U0274243

A COLLECTION
of 竞标方案表现作品集成 5
规划设计和文化建筑
ARCHITECTURAL
COMPETITION
SUBMISSIONS

100 X 2000 X 10000　一百家投稿单位 / 两千个设计方案 / 一万张图片

100 CONTRIBUTORS / 2000 DESIGN SCHEMES / 10000 ILLUSTRATIONS

刘师生　杨　帆　主编

天津大学出版社
TIANJIN UNIVERSITY PRESS

图书在版编目（CIP）数据

　　竞标方案表现作品集成. 　5，规划设计和文化建筑 ／
刘师生，杨帆主编. 　-- 天津 ： 天津大学出版社，2014.3
　　ISBN 978-7-5618-4934-7

　　Ⅰ. ①竞… 　Ⅱ. ①刘… ②杨… 　Ⅲ. ①文化建筑－建
筑设计－作品集－世界－现代 Ⅳ. ① TU206

　　中国版本图书馆 CIP 数据核字（2014）第 016344 号

出版发行　天津大学出版社
出 版 人　杨欢
地　　址　天津市卫津路 92 号天津大学内（邮编：300072）
电　　话　发行部 022-27403647
网　　址　publish.tju.edu.cn
印　　刷　深圳市新视线印务有限公司
经　　销　全国各地新华书店
开　　本　235mm×320mm
印　　张　25
字　　数　347 千
版　　次　2014 年 3 月第 1 版
印　　次　2014 年 3 月第 1 次
定　　价　398.00 元

王建
上海艺酷数字科技总经理
上海展德设计院副总经理

很荣幸受中讯文化邀请，再一次为《竞标方案表现作品集成》写序言，这套封面设计精细、方案内容多、很有参考价值。书籍在各大设计院的书架上一般都能看到，这充分地说明这套书深受市场欢迎。

一座标志性的建筑可以展示出这个城市当时乃至上百年后的社会文明，一座好的建筑在建造之前投资方和当地政府肯定是在多个方案之中通过对比，在城市规划、设计理念、造型、象征性、空间布局等各方面经过精挑细选确定好最终方案之后才开始建造。比如中东迪拜帆船酒店，透过它简单和独特的造型，只需要简单的几笔就能描述出这座地标建筑的特征，通过酒店内部金碧辉煌、豪华无比的装潢就能体现出中东当时经济的实力。

方案表现以其多视角的模型、逼真的效果为开发商及业主之间进行意见商榷、交流搭起了一座沟通的桥梁。一个好的方案作品是设计和现实的完美结合，它追求建筑造型、建筑材质与周围环境的完美融合。林语堂先生讲得更是贴切："最好的建筑是这样的，我们居住其中，却感觉不到自然在哪里终了，艺术在哪里开始。"通过欣赏本书你会发现，这正是中讯文化努力想呈现给广大设计师的一种感受。本书精心挑选并收录了全球范围内建筑设计与建筑表现领域里的最新力作，一页页翻阅开来，如同走进了一座关于建筑的艺术殿堂。最先进的建筑设计理念在这里碰撞，最具国际化的建筑作品在这里汇聚，最顶尖的建筑表现手法在这里融合，向你展示一座座城市过去与未来的变幻。

建筑是一种文化载体。人类社会不断进步，建筑设计前进的步伐就永不停歇，建筑表现形式也将更趋多元化。如果有一天，我们文化的载体消失，如同玛雅文明，能给人传承的也许就是那几座神秘的建筑。果戈理说："建筑是世界的年鉴，当歌曲和传说已经缄默，它依旧还在诉说。"我真心希望《竞标方案表现作品集成》能够一如既往地为建筑界的友人提供一个权威性更强、覆盖面更广、信息更全、互动方式更多的交流平台，继续为中国乃至全世界的建筑发展做出更大的贡献。

是以为序。

序言
PREFACE
A COLLECTION
OF 竞标方案表现作品集成 5
ARCHITECTURAL
COMPETITION
SUBMISSIONS

韩健 ID：狂潮鸣天
映像社稷（北京）数字科技有限责任公司

跟中讯文化合作的两年时间里，一直在关注和期待每一期的《竞标方案表现作品集成》。此典籍汇聚了业内前卫高端的表现展示，我跟同事们在工作学习中翻阅过多次，作为建筑表现的从业者，感觉这里所展现的不仅仅是直观上的建筑画面，还有各式各样建筑方案的风采，每期都记录着建筑表现前卫的思维演变。

从事建筑表现这个行业已经十年了，十年里几乎每天都在享受业内技术的变化和建筑师思维的演变，算不上全部了解，也代表不了别人，说说自己对这个行业的发展前景和看法吧。

行业的前身是用手绘的方式来表达未来的建筑，那时候的手绘作品大多都是由建筑专业的从业者来绘制，也出现了很多大师级的人物，自认为他们的基础和经验以及制作的手法是很实质的技术，现在仍然对那些前辈比较佩服。电子科技的发展造就了数字化建筑表现，计算机绘制的建筑效果图在当时也算是一次行业变革，2000年后出现了迅猛的相关发展，也带动了很多就业的机会。电脑展示建筑方案的效果也随着专业人员的参与，越来越成熟。不单单只是一幅方案图，也根据建筑的不同功能，出现了写实、写意、概念等许多表现手法，前期方案的想法加上后期建筑表现的想法给予了建筑展示的灵魂，使其达到理想的高度。

回想自己毕业的时候只会几个软件，当时很少听说有建筑表现专业的培训机构，去一些建筑公司就做建筑类的工作只能自己一步步摸索着前进，模型、渲染、后期都一个人来完成，感觉很艰难。当时网络上的一些业内高手我就是我的老师，临摹学习他们的表现手法，慢慢走到专业的公司，自己的技术才慢慢成长起来。随着时代的发展，建筑业对建筑表现图的需求空间越来越大。2005年的时候，出现了很多专业的建筑表现培训机构，从业人员也多起来，模型、渲染后期等专业分得很细，到现在可以说绝大多数人经过培训都可以融入这个行业中来，业内技术人员的水平范围也慢慢地拉开了。近两年硬件、软件的建筑表现技术进入到全模时代，网络信息的发达也实现了高端技术的共享，但我感觉并不是全民都出好作品的鼎盛时期，直观的表现手法越来越多，看多了会感觉到很枯燥，大多建筑表现图都失去了原有的灵魂。这只能代表我自己的看法，可能每个人的想法都有所不同，如果以后谁都能把表现图做成照片级的水平，那时候这个行业的技术发展是不是就停滞了，所以个人认为，有一定的艺术展现手法的建筑表现图是最后的趋势。

回到本书，前卫的思维创意与巧妙的表现展示了现代设计团队的整体素质，旨在打造业内较有感染力和研究价值的璀璨篇章，因此很荣幸有中讯文化给予我的想法，也很感谢他们为建筑行业的同行们打造的这个平台，给大家一个尽情展示和学习的机会并享受这本典籍。

行业的发展离不开大家，为你们的辛苦付出表示感谢，本套《竞标方案表现作品集成》我们都期待了几个月，阅者受益！现在大家可以开始享受了！

童连杰 ID：123tony
宁波江北筑景建筑表现设计中心

我是怎么定义建筑表现的——简单地说，设计师要做效果图是因为想把抽象的"二维"线条关系，具体地以"三维"的形式直观化。通过我们的个人修养和个人的技艺，进行一定的艺术化处理，做到他们要求的"目的"，就算达到共契了。

那究竟真什么才是"精品"建筑表现图呢？有两点：第一，普通商业建筑表现图只有建立在共契的前提下，各方面的关系处理到位（构图、素描、对比、色彩、环境搭配等），除其特定的硬性要求外，能够达到一定高度并以艺术技术修养手段处理到一定高度的算是一种；第二，个人的一些原创作品，也同样是建立在各方面的关系处理到位的基础上，唯一不同的是可以带入自己的"思想"，真正能够诠释表达自己内心的理解能力范畴内的艺术创作作品。对于以上两种，个人还是比较喜欢原创的作品，细细品味犹如茶后余香回味悠长、引人深思。

李明
上海赫智建筑设计有限公司

"建筑表现"其实就是人们常说的建筑效果图，所谓建筑效果图就是在建筑施工之前，通过施工图纸，把施工后的实际效果用真实和直观的画面表现出来，让大家能够一目了然地看到施工后的实际效果。随着科技的发展，时代的进步，电脑制作的效果图已经逐步取代了以前的手绘效果图，这种建筑艺术和电脑科技的有机结合，能更好、更真实地反映建筑的形体、光线、材质、环境等方面，使之成为建筑师和业主之间最有效的沟通桥梁。

那么建筑表现图的优劣又以什么来判断？有没有什么标准呢？其实效果图的好与不好因喜好不同，往往在每个人心里都有一个自己的衡量标准，有些人觉得效果图炫目、内容丰富就是好图，可他们却往往忽略了建筑本身的细节，反而把表现配景当成烘托建筑设计的主要手段，这是一种哗众取宠的做法。建筑设计的粗制滥造，把希望都寄托在表现图制作上，可能图的炫目效果暂时蒙蔽了业主的眼睛，这是作图人的成功，却掩盖不了设计人员的失败，这种表面上的成功导致的结果可能是项目实施后众人的失望与后悔，虽然只是一张效果图，但它背后所影响的也许是一幢楼、一个小区、一座城市。所以一张好的建筑表现图首先应该有它自身的灵魂，也就是一个好的建筑设计，或者说是用心的、有想法的，然后再加上图纸制作人员逼真的表现，让人们看到甚至感受到一个尽可能真实的建筑世界。

"山不在高，有仙则名。水不在深，有龙则灵。"这是刘禹锡《陋室铭》中的名句。我喜欢这句话是因为它告诉我们：事物的好坏优劣并不一定会完全表现在其表面，是否有内涵才真正重要。

钱卿 艺术总监 ID:ken
上海写意数字图像有限公司

刘勰于《文心雕龙·知音》中云：操千曲而后晓声，观千剑而后识器。千百年来各业均延于此道，先知其表，再通其形，而后晓于色，精其髓。而对于建筑行业，中外建筑之博大精深，瑰丽多姿不言而喻，自古代起，从雕梁画栋的四合院到灵韵古朴的江南建筑等，通晓者便寥寥无几，实属不幸之最也。

随着时代的变迁，随着科技的日新月异与数字技术的蓬勃发展，一支独树一帜的解读型文化产业——建筑数字表现异军突起，瞬间拉近了普通百姓与建筑的距离，自此人们开始在对实用性与工科设计原理的基础上，更加地关注起建筑的美学和宜居的哲学。这些都归功于我们极富创造力与文化底蕴的建筑表现师们，当人们发现其实建筑是生活的一部分，是触手可及的，它就不再仅是枯燥的工科范畴，亦不仅限于毫无感情的平铺直叙。更多的人发现了建筑的灵魂，此时如能工巧匠的表现师们，无疑开启了一座人心与建筑的沟通桥梁，建筑渴望被阅读，被认可，同时，又以奉献的情愫服侍着挑剔的人们，将舒适与周全不断扩大，思索、交流、融通、创造出与众不同的宜居理念。

作为表现行业，所为不仅是传达，更是解读，是引导，是灵魂的赋予与升华。居，以松涛韵为伴，居，以法兰西文明相随，居，以建筑之稿赏为伴等等，建筑所能传送出的感受层出不穷。不禁让人想到：师者，传道授业解惑。而本作品集正是收录了当下为师传道者精髓之大成。无论平民百姓，抑或资深学者，皆可会心一笑，真正将雅俗共赏带入人们的身边。

我们需要艺术家，更需要爱好者，需要翻译师，更需要沟通的平台，愿《竞标方案表现作品集成》能以精之力、以广之度为世界建筑的发展、建筑与人类的沟通包容做出更大的贡献。

谈迎光
江苏印象乾图数字科技有限公司

《竞标方案表现作品集成》是在业界品质口碑皆优的好书，此次受邀写序深感荣幸。

每次翻阅此作品集，沉甸甸的厚重感让我觉得建筑表现行业从萌芽发展至今，十几年来，已然有了很丰富的积累。

追溯到50多年前，建筑表现绘画就已经在国外形成产业，至今一直在持续发展，国内可以算是刚刚起步不久，我想这个行业在国内还是有很强的生命力。回想一路走来，这十几年中每个阶段都涌现出大家耳熟能详的优秀从业者，他们用心的表现让从业者比比皆是，因为迷惘，因为急躁而错失了更好的发展机会。企业内训的导师受邀在同济大学做毕业就业分享的时候提到他自己概括的"职业理论"，现如今绝大多数的行业中，基本上从新人到入门需要1 000个小时，从入门到熟手需要3 000个小时，从熟手到导师需要10 000个小时，每天按8小时计算，很容易得出一个结论是3个月、1年和3年。所以，无论在哪个行业，能够沉下心来，好好地学习工作都会有一番成就，仅在于此。

事业在我看来，最幸福的事情就是兴趣爱好和职业很好的结合。抓住每一次学会新东西的兴奋感，每一次被客户认可的欣慰感，每一次创作出好作品的成就感，坚持不断地付出，慢慢的你就会觉得，曾经以为的辛苦和折磨渐渐地不再是痛苦，历练的结果是越做越顺、越挫越勇，越来越成熟的自己。

衷心祝愿建筑表现出版领域能够持续不断地推陈出新，发布更优秀的作品，创造一个良好的交流平台，为推动行业进步做出贡献。也希望能够吸引到更多的新鲜血液进入业界，推动行业蓬勃发展。

竞标方案表现作品集成 5

A COLLECTION OF ARCHITECTURAL COMPETITION SUBMISSIONS

目 录
CONTENTS

100 × 2000 × 10000
一百家投稿单位
100 Contributors
两千个设计方案
2000 Design Schemes
一万张图片
10000 Illustrations

规划设计
Planning Design

文化建筑
Cultural Architecture

规划设计
Planning Design

城市设计
Urban Design

①

规划设计 /Planning Design

006/007 城市设计 /Urban Design

① 某规划项目 / 绘制：上海艺酷数字科技有限公司
② 贵州花果园项目 / 设计：贵阳宏益房地产开发有限公司 / 绘制：丝路数字视觉股份有限公司
③ 成都某规划项目 / 绘制：丝路数字视觉股份有限公司

②

规划设计 / Planning Design

008/009 城市设计 / Urban Design

① 某城市设计 / 设计：建学建筑与工程设计所有限公司 / 绘制：杭州天朗数码影像设计有限公司
② 杭州崇贤新城城市设计 / 设计：吴健 / 绘制：杭州天朗数码影像设计有限公司

某城市设计 / 设计：建学建筑与工程设计所有限公司 / 绘制：杭州天朗数码影像设计有限公司

①

规划设计 /Planning Design

012/013 城市设计 /Urban Design

① 某城市设计 /设计：中国城市规划设计研究院 /绘制：丝路数字视觉股份有限公司
② 佛山某竞赛项目 /绘制：杭州天朗数码影像设计有限公司
③ 兰州某规划项目 /设计：天津市城市规划设计研究院 /绘制：天津砚宸科技有限公司

②

① 珠海平沙新城城市设计 / 设计：上海易城工程顾问有限公司 / 绘制：上海艺酷数字科技有限公司
② 福建石狮城市设计 / 设计：上海威尔考特建筑设计有限公司 / 绘制：上海艺酷数字科技有限公司

①

②

① 珠海平沙新城城市设计／设计：上海易城工程顾问有限公司／绘制：上海艺酷数字科技有限公司
② 珠海西部城市设计／设计：上海威尔考特建筑设计有限公司／绘制：上海艺酷数字科技有限公司

①

②

① 珠海西部城市设计 / 设计：上海威尔考特建筑设计有限公司 / 绘制：上海艺酷数字科技有限公司
② 郑州某规划项目 / 设计：华汇（厦门）环境规划设计顾问有限公司 / 绘制：天津砚宸科技有限公司
③ 安徽铜陵某项目 / 设计：CCDI 悉地国际 / 绘制：上海艺酷数字科技有限公司

③

① 浙江上虞一江两岸城市设计 / 设计：上海易城工程顾问有限公司 / 绘制：上海艺酷数字科技有限公司
② 珠海西部城市设计 / 设计：上海威尔考特建筑设计有限公司 / 绘制：上海艺酷数字科技有限公司
③ 珠海某项目 / 设计：上海威尔考特建筑设计有限公司 / 绘制：上海艺酷数字科技有限公司

① 浙江上虞一江两岸城市设计 / 设计：上海易城工程顾问有限公司 / 绘制：上海艺酷数字科技有限公司
② 珠海西部城市设计 / 设计：上海威尔考特建筑设计有限公司 / 绘制：上海艺酷数字科技有限公司
③ 珠海某项目 / 设计：上海威尔考特建筑设计有限公司 / 绘制：上海艺酷数字科技有限公司

规划设计 /Planning Design

022/023 城市设计 /Urban Design

① 浙江上虞—江两岸城市设计 / 设计：上海易城工程顾问有限公司 / 绘制：上海艺酷数字科技有限公司
② 富春江沿岸城市设计 / 绘制：杭州天朗数码影像设计有限公司
③ 珠海某项目 / 设计：上海威尔考特建筑设计有限公司 / 绘制：上海艺酷数字科技有限公司

① 浙江音乐学院 / 设计：建学建筑与工程设计所有限公司 / 绘制：杭州天朗数码影像设计有限公司

规划设计 / **Planning Design**

① 浙江音乐学院 / 设计：建学建筑与工程设计所有限公司 / 绘制：杭州天朗数码影像设计有限公司
② 某项目 / 绘制：杭州天朗数码影像设计有限公司
③ 哈南新城城市设计 / 设计：天津市城市规划设计研究院 耳维等 / 绘制：天津砚宸科技有限公司

②

③

规划设计 / **Planning Design**

026/027　城市设计 / Urban Design

石家庄玉村规划 / 设计：藤建筑设计工作室（北京）朱晨 李昂 / 绘制：北京回形针图像设计有限公司

① 贵阳某城市设计 /设计：广州市天作建筑规划设计有限公司 /绘制：丝路数字视觉股份有限公司
② 大连某旧城改造 /设计：现代都市建筑设计院 /绘制：杭州天朗数码影像设计有限公司
③ 某滨江项目 /设计：杭州城市规划设计研究院六所 /绘制：杭州天朗数码影像设计有限公司

①

②

① 开封某城市设计项目 / 设计：建学建筑与工程设计所有限公司 / 绘制：杭州天朗数码影像设计有限公司
② 联想未来城 / 绘制：天津砚宸科技有限公司
③ 某中心商贸区东侧地块项目 / 设计：镇江规划设计研究院 / 绘制：杭州天朗数码影像设计有限公司
④ 陕西久合创智科技园 / 设计：杭州泛华易盛建筑景观设计咨询有限公司 / 绘制：杭州天朗数码影像设计有限公司

①

②

③

④

① 琉璃河某项目 / 绘制：杭州天朗数码影像设计有限公司
② 德清某项目 / 设计：北京世纪千府国际工程设计有限公司 / 绘制：杭州天朗数码影像设计有限公司
③ 某城市设计 / 设计：浙江新中环建筑设计有限公司 / 绘制：杭州天朗数码影像设计有限公司

规划设计 / **Planning Design**

034/035 城市设计 / Urban Design

① 天津东丽湖某地块项目 / 设计：伟信（天津）工程咨询有限公司 / 绘制：天津砚宸科技有限公司
② 某规划 / 设计：杭州市城市规划设计研究院 / 绘制：杭州博凡数码影像设计有限公司
③ 北京故宫城市设计 / 绘制：杭州天朗数码影像设计有限公司

规划设计 /Planning Design

036/037 城市设计 /Urban Design

① 钱江新城金融城 / 设计：中国联合工程公司 / 绘制：杭州博凡数码影像设计有限公司
② 深圳盐田中轴线项目 / 设计：思邦建筑设计咨询（新加坡）有限公司 / 绘制：杭州博凡数码影像设计有限公司

①

②

规划设计 /**Planning Design**

038/039 城市设计 /Urban Design

① 天津天碱某项目 / 设计：天津市渤海城市规划设计研究院 / 绘制：天津硬宸科技有限公司
② 上海青浦新城一站项目 / 设计：上海同济城市规划设计研究院 张尚武 / 绘制：上海一石数码科技有限公司
③ 钱江新城金融城 / 设计：中国联合工程公司 / 绘制：杭州博凡数码影像设计有限公司
④ 重庆广滨路某项目 / 设计：上海同西建筑规划设计有限公司 赵进 / 绘制：上海一石数码科技有限公司

③

④

规划设计 /**Planning Design**

040/041　城市设计 /Urban Design

安徽宿州西部新城城市设计 / 设计：上海易城工程顾问有限公司 / 绘制：上海艺酷数字科技有限公司

① 宝鸡某规划项目 / 绘制：杭州天朗数码影像设计有限公司
② 和平里城市设计 / 绘制：杭州天朗数码影像设计有限公司

规划设计 / **Planning Design**

044/045 城市设计 / Urban Design

① 浦江某规划项目 / 绘制：上海一石数码科技有限公司
② 窦店开发区城市设计 / 设计：中国中建设计集团有限公司规划院 / 绘制：北京回形针图像设计有限公司

规划设计 / Planning Design

046/047 城市设计 / Urban Design

① 沈本新城 / 设计：MED 美加国际建筑设计机构 / 绘制：上海翰境数码科技有限公司
② 玉林中心城区城市设计 / 设计：柳州市城市规划设计研究院二所 / 绘制：上海写意数字图像有限公司

①

规划设计 / **Planning Design**

048/049 城市设计 / Urban Design

亚瑞汽车城 / 设计：英国都市联合建筑设计有限公司 / 绘制：上海艺酷数字科技有限公司

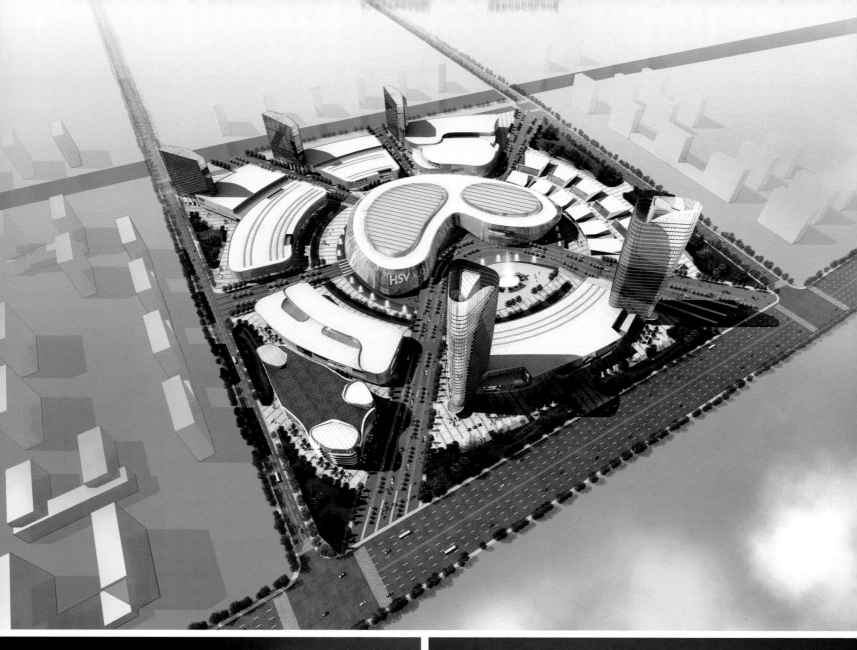

马来西亚某规划 / 设计：马来西亚 KDJ 建筑事务所 / 绘制：杭州潘多拉数字科技有限公司

①青岛某项目 / 绘制：上海艺酷数字科技有限公司
②杭州国家电网产业园规划 / 设计：杭州市城市规划设计研究院 / 绘制：杭州潘多拉数字科技有限公司
③马来西亚某规划 / 设计：马来西亚 KDJ 建筑事务所 / 绘制：杭州潘多拉数字科技有限公司

①

②

山东潍坊围子镇城市设计 / 设计：上海同宽建筑设计有限公司 / 绘制：上海艺酷数字科技有限公司

规划设计 / Planning Design

① 山东梁山东片区城市设计 / 设计：上海中建建筑设计院有限公司 / 绘制：上海艺酷数字科技有限公司
② 四平玄武湖片区规划 / 设计：上海易城工程顾问有限公司 / 绘制：上海艺酷数字科技有限公司

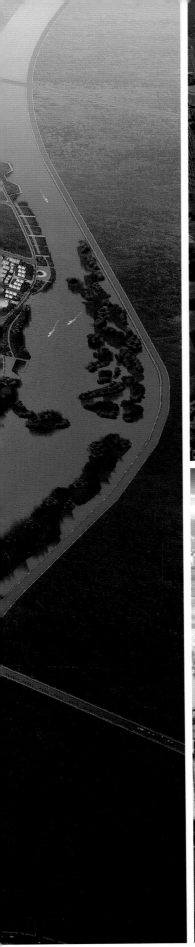

②

②

①

规划设计 /**Planning Design**

058/059 城市设计 /Urban Design

① 麻兰岛规划项目 / 绘制：上海赫智建筑设计有限公司
② 上海某规划设计 / 设计：新加坡 CPG 集团 / 绘制：上海艺酷数字科技有限公司
③ 山东梁山东片区城市设计 / 设计：上海中建建筑设计院有限公司 / 绘制：上海艺酷数字科技有限公司

①

②

②

③

规划设计 / **Planning Design**

060/061 城市设计 / Urban Design

① 麻兰岛规划项目 / 绘制：上海赫智建筑设计有限公司
② 昆山某规划 / 绘制：上海海纳建筑动画

②

①

① 山东龙口某规划 / 设计：江西省建筑设计研究总院 / 绘制：南昌浩瀚数字科技有限公司
② 某项目 / 绘制：深圳市艺慧数字影像有限公司
③ 青岛某商务区 / 设计：上海同济城市规划设计研究院 金鑫 / 绘制：上海一石数码科技有限公司
④ 贵阳太慈桥城市设计 / 设计：香港和恒规划建筑设计研究院有限公司 / 绘制：重庆巨蟹数码影像有限公司

②

规划设计 / **Planning Design**

064/065 城市设计 / Urban Design

① 青浦某中心商业 / 绘制：上海一石数码科技有限公司
② 某项目 / 绘制：上海亚凡建筑图文设计有限公司
③ 万州如意上城总体城市设计 / 设计：重庆市设计院 / 绘制：重庆巨蟹数码影像有限公司
④ 某项目 / 绘制：上海创昊艺术设计有限公司
⑤ 龙泉新区规划 / 设计：四川省城乡规划设计研究院 / 绘制：成都成华区美立方平面设计服务工作室

郑州高新区项目 / 设计：上海联创建筑设计有限公司 / 绘制：上海艺酷数字科技有限公司

①

① 某项目 / 绘制：南昌浩瀚数字科技有限公司
② 天津于家堡规划 / 绘制：上海一石数码科技有限公司
③ 贵州铜仁缤纷摩尔城 / 设计：香港和恒规划建筑设计研究院有限公司 / 绘制：重庆巨蟹数码影像有限公司

规划设计 ／**Planning Design**

襄阳城市设计 / 设计：上海同济城市规划设计研究院 匡晓明 / 绘制：上海一石数码科技有限公司

规划设计／Planning Design

072/073 城市设计／Urban Design

营口城市设计／设计：上海同济城市规划设计研究院 吴志强／绘制：上海一石数码科技有限公司

规划设计 /**Planning Design**

074/075 城市设计 /Urban Design

自贡城市设计 / 设计：上海同济城市规划设计研究院 陈秋林 / 绘制：上海一石数码科技有限公司

规划设计 /**Planning Design**

重庆重钢地块概念设计 / 设计：泛华建设集团有限公司重庆设计分公司 / 绘制：重庆巨蟹数码影像有限公司

重庆重钢地块概念设计 / 设计：泛华建设集团有限公司重庆设计分公司 / 绘制：重庆巨蟹数码影像有限公司

① 合川新加坡风情园 / 设计：香港和恒规划建筑设计研究院有限公司 / 绘制：重庆巨蟹数码影像有限公司
② 某项目 / 绘制：上海创昊艺术设计有限公司
③ 渝兴黄茅坪产业基地 / 设计：法国 PBA 国际有限公司 甘川 吴彦李 王驰 / 绘制：重庆巨蟹数码影像有限公司

① 葫芦岛项目 / 设计：阿特金斯集团 / 绘制：深圳市艺慧数字影像有限公司
② 渝兴黄茅坪产业基地 / 设计：法国 PBA 国际有限公司 甘川 吴彦李 王驰 / 绘制：重庆巨蟹数码影像有限公司

① 武汉联发某项目 / 设计：上海日清建筑设计有限公司 / 绘制：上海翰境数码科技有限公司
② 重庆宏声阳光绿洲 / 设计：豪斯泰勒张思图德建筑设计咨询（上海）有限公司 / 绘制：重庆巨蟹数码影像有限公司
③ 遵义县旧城及新城区改造项目 / 设计：香港和恒规划建筑设计研究院有限公司 / 绘制：重庆巨蟹数码影像有限公司

①

① 某项目 / 绘制：杭州无影建筑设计咨询有限公司
② 重庆国汇中心 / 绘制：重庆巨蟹数码影像有限公司
③ 某项目 / 绘制：深圳市艺慧数字影像有限公司
④ 某城市设计 / 设计：哈尔滨工业大学建筑设计研究院 / 绘制：黑龙江省日盛图像设计有限公司

规划设计 / **Planning Design**

088/089 城市设计 / Urban Design

① 英利国际广场 / 设计：中国建筑西南设计研究院有限公司 / 绘制：重庆巨蟹数码影像有限公司
② 海宁某规划 / 设计：广东建筑艺术设计院有限公司 蔡辅奎 戚洋斌 / 绘制：杭州猎人数字科技有限公司
③ 某项目 / 绘制：深圳市艺慧数字影像有限公司

规划设计 / **Planning Design**

090/091 城市设计 / Urban Design

① 杭州雅戈尔西溪晴雪 / 绘制：杭州无影建筑设计咨询有限公司
② 重庆协信星都会 / 设计：重庆协信控股（集团）有限公司 陈建熙 / 绘制：重庆巨蟹数码影像有限公司
③ 某项目 / 绘制：杭州无影建筑设计咨询有限公司

规划设计／**Planning Design**

092/093 城市设计／Urban Design

① 佘山某规划项目／绘制：上海海纳建筑动画
② 奥宸欢乐世界项目／设计：都市联合设计（英国）有限公司／绘制：上海艺酷数字科技有限公司

①

②

规划设计 /**Planning Design**

094/095 城市设计 /Urban Design

① 红河卫生职业学院项目 / 设计：上海同济城市规划设计研究院 丁宁 / 绘制：上海一石数码科技有限公司
② 青岛胶南养老基地 / 绘制：上海海纳建筑动画
③ 长春某带状公园 / 设计：上海尼苷建筑景观设计有限公司 / 绘制：上海艺酷数字科技有限公司
④ 梅州江南新区城市设计 / 设计：重庆市规划设计研究院 蒋迪 / 绘制：重庆巨蟹数码影像有限公司

③

③

④

②

规划设计 /Planning Design

098/099 城市设计 /Urban Design

① 长春市长德新区城市设计 / 设计：上海复旦规划建筑设计研究院五所 / 绘制：上海写意数字图像有限公司
② 三峡某项目 / 设计：上海天旻建筑设计有限公司 / 绘制：上海写意数字图像有限公司
③ 某项目 / 设计：山东省建筑设计院上海分院 / 绘制：上海艺筑图文设计有限公司
④ 河南平顶山新城区沿湖城市设计项目 / 设计：德国佩西规划建筑设计事务所（上海）/ 绘制：上海写意数字图像有限公司

规划设计 / Planning Design

100/101 城市设计 / Urban Design

① 沈阳西部城市设计 / 设计：上海大瀚建筑设计有限公司 / 绘制：上海写意数字图像有限公司
② 云南嘉策某项目 / 绘制：上海写意数字图像有限公司
③ 昌黎动漫城 / 设计：美国栢诚集团 / 绘制：上海写意数字图像有限公司
④ 潍坊新城中心 / 设计：上海半间建筑设计有限公司 / 绘制：上海写意数字图像有限公司
⑤ 吉林辉南城南新区城市设计 / 设计：上海菲卓规划建筑设计有限公司 / 绘制：上海写意数字图像有限公司
⑥ 上海松江国际生态商务区 / 设计：上海复旦规划建筑设计研究院五所 / 绘制：上海写意数字图像有限公司
⑦ 柳州某项目 / 设计：上海友景建筑设计有限公司 / 绘制：上海写意数字图像有限公司

①

① 昌东工业园 / 设计：江西省建筑设计研究总院 / 绘制：南昌浩瀚数字科技有限公司
② 辽阳核心商业区城市设计 / 绘制：上海海纳建筑动画
③ 某规划 / 设计：江西省建筑设计研究总院 / 绘制：南昌浩瀚数字科技有限公司

①

②

②

②

① 广州金融中心 / 设计：上海同济城市规划设计研究院 夏南凯 苏运升 刘晓 / 绘制：上海一石数码科技有限公司
② 珠海横琴岛城市设计 / 绘制：北京蓝竹数字科技有限公司

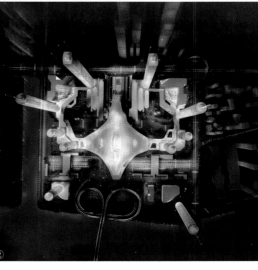

① 上海桃浦城市设计 / 设计：上海同济城市规划设计研究院 匡晓明 / 绘制：上海一石数码科技有限公司
② 辽阳某规划 / 设计：上海同济城市规划设计研究院 吴志强 / 绘制：上海一石数码科技有限公司
③ 南昌红谷滩某规划 / 设计：江西省建筑设计研究总院 / 绘制：南昌浩瀚数字科技有限公司
④ 某项目 / 绘制：厦门众汇 ONE 数字科技有限公司

①

②

① 郑州开发区体育馆 / 设计：SYN 建筑师事务所 邹迎晞 / 绘制： 映像社稷（北京）／
② 湖州某规划73项目 / 设计：锦绣建筑设计咨询（上海）有限公司 /
家临港产业园 / 设计：和熙项目咨询（上海）有限公司 /
项目实验项目 / 设计：锦绣建筑设计咨询（上海）有限公司 / 绘制

①

②

②

②

③

③

③

④

规划设计 / **Planning Design**

110/111　城市设计 / Urban Design

① 南阳校场路城中村改造 / 设计：上海隆创建筑景观设计有限公司 / 绘制：上海艺酷数字科技有限公司
② 哈尔滨长江路某项目 / 设计：北京新松建筑设计研究院有限公司 / 绘制：北京回形针图像设计有限公司

②

②

②

②

②

① 河南平顶山新城规划 / 绘制：上海海纳建筑动画
② 猎德污水厂厂区规划 / 设计：广州市珠江外资建筑设计院有限公司 / 绘制：广州弘艺数码科技有限公司
③ 广州某纸厂厂区规划 / 设计：广州市城市规划勘测设计研究院规划三所 / 绘制：广州弘艺数码科技有限公司

①

①

③

规划设计／**Planning Design**

114/115 城市设计／Urban Design

河南平顶山新城规划／绘制：上海海纳建筑动画

①

规划设计 / **Planning Design**

116/117 城市设计 / Urban Design

① 连云港徐圩新区规划 / 设计：SYN 建筑师事务所 邹迎晞 / 绘制：映像社稷（北京）数字科技有限责任公司
② 某项目 / 绘制：深圳市艺慧数字影像有限公司

②

①

②

①

②

②

规划设计 /**Planning Design**

118/119 城市设计 /Urban Design

① 某项目 / 设计：武汉中南建筑设计院上海分院 / 绘制：上海创昊艺术设计有限公司
② 某项目 / 绘制：上海创昊艺术设计有限公司
③ 某规划 / 设计：澳大利亚 BBC 建筑景观工程设计公司 / 绘制：杭州炫蓝数字科技有限公司

②

①

规划设计 / **Planning Design**

120/121 城市设计 / Urban Design

① 某项目 / 绘制：上海创昊艺术设计有限公司
② 拓林湖某项目 / 绘制：上海创昊艺术设计有限公司
③ 江苏建湖某规划 / 设计：上海同济城市规划设计研究院 / 绘制：上海创昊艺术设计有限公司

株州中心区城市设计 / 设计：上海复旦规划建筑设计研究院五所 / 绘制：上海写意数字图像有限公司

① 南京某项目 / 设计：须藤幸一郎 / 绘制：上海写意数字图像有限公司
② 株洲田心国际社区 / 设计：深圳中海世纪建筑设计有限公司 / 绘制：上海写意数字图像有限公司
③ 兴义文化园 / 设计：深圳市新城市规划建筑设计有限公司 / 绘制：上海写意数字图像有限公司

规划设计／Planning Design

126/127 城市设计／Urban Design

① 石狮环湾城市设计／设计：深圳市新城市规划建筑设计有限公司／绘制：上海写意数字图像有限公司
② 石狮某商务区／设计：深圳市新城市规划建筑设计有限公司／绘制：上海写意数字图像有限公司
③ 河北迁安城市设计／绘制：上海写意数字图像有限公司
④ 温岭火车站城市设计／设计：李彦博／绘制：上海写意数字图像有限公司

③

④

①

②

规划设计 / Planning Design

128/129 城市设计 / Urban Design

① 银川掌政项目 / 设计：上海三益建筑设计有限公司 / 绘制：上海写意数字图像有限公司
② 浦东某地块规划 / 设计：上海复旦规划建筑设计研究院五所 / 绘制：上海写意数字图像有限公司
③ 江宁科学园 / 设计：武汉中合建筑设计事务所 / 绘制：上海写意数字图像有限公司

①

规划设计 /Planning Design

130/131　城市设计 /Urban Design

① 三江口城市设计 / 设计：杭州中联筑境建筑设计有限公司 / 绘制：上海艺筑图文设计有限公司
② 浙江永康某街景规划 / 设计：浙江建筑设计院 / 绘制：上海艺筑图文设计有限公司

②

①

②

① 三江口城市设计 / 设计：杭州中联筑境建筑设计有限公司 / 绘制：上海艺筑图文设计有限公司
② 长兴某项目 / 设计：上海济景建筑设计有限公司 / 绘制：上海艺筑图文设计有限公司
③ 浙江永康某街景规划 / 设计：浙江建筑设计院 / 绘制：上海艺筑图文设计有限公司

①

① 某游艇园 / 设计：上海济皓建筑设计有限公司 / 绘制：上海艺筑图文设计有限公司
② 天津天碱某项目 / 设计：上海济景建筑设计有限公司 / 绘制：上海艺筑图文设计有限公司
③ 天津开发区某项目 / 设计：上海济皓建筑设计有限公司 / 绘制：上海艺筑图文设计有限公司

①

① 中国（杭州）纺织服装工业设计创意中心规划 / 设计：上海栖城建筑规划设计有限公司 / 绘制：杭州创昱数码图像设计有限公司
② 中国西部国际商贸城 / 绘制：上海艺道

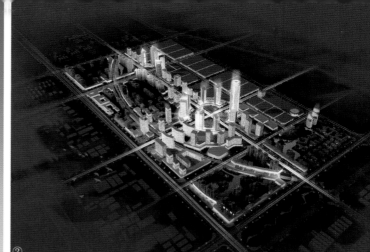

规划设计／Planning Design

138/139　城市设计／Urban Design

① 三门峡某规划／设计：河南省城市规划设计研究总院有限公司 徐国亮／绘制：河南灵度建筑景观设计咨询有限公司
② 河南平顶山某项目／设计：中科院建筑设计研究院有限公司河南分公司 徐贤伟／绘制：河南灵度建筑景观设计咨询有限公司
③ 巴彦木仁某城市设计／设计：泛华建设集团有限公司河南设计分公司 朱新月／绘制：河南灵度建筑景观设计咨询有限公司

②

③

规划设计 / Planning Design

① 江门篁庄某项目 / 绘制：上海翰境数码科技有限公司
② 马鞍山秀山湖项目 / 设计：上海三益建筑设计有限公司 / 绘制：上海翰境数码科技有限公司

①

①

①

规划设计 /**Planning Design**

142/143 城市设计 /Urban Design

① 山东海阳某项目 / 设计：中国航天建设集团有限公司 / 绘制：北京回形针图像设计有限公司
② 武汉金银湖规划 / 设计：北京市建筑设计研究院有限公司 / 绘制：北京回形针图像设计有限公司

①

规划设计／**Planning Design**

144/145 城市设计／Urban Design

① 南昌红角洲城市设计／设计：同济大学建筑设计研究院南昌分院／绘制：南昌锐意装饰工程咨询有限公司
② 遂川城市设计／设计：江西省城乡规划设计院／绘制：南昌锐意装饰工程咨询有限公司
③ 宁国港口生态工业园区城市设计／绘制：上海日朗思图建筑设计咨询有限公司

①

①

②

①

规划设计 / **Planning Design**

146/147 城市设计 / Urban Design

① 佘山某项目 / 绘制：上海海纳建筑动画
② 张江中区局部规划及建筑方案 / 设计：上海原构建筑设计咨询有限公司 / 绘制：上海艺酷数字科技有限公司

①

①

①

规划设计 / **Planning Design**

148/149 城市设计 / Urban Design

① 杭州西溪湿地某规划 / 设计：中国瑞林工程技术有限公司 / 绘制：南昌浩瀚数字科技有限公司
② 某项目 / 绘制：河南灵度建筑景观设计咨询有限公司
③ 某规划 / 设计：AQSO 建筑事务所 / 绘制：杭州博凡数码影像设计有限公司

① 云南普洱物流项目 / 设计：厦门云程建筑设计有限公司_陈闽伟 黄鸿波 / 绘制：厦门众汇 ONE 数字科技有限公司
② 某项目 / 绘制：苏州斯巴克林建筑设计表现有限公司
③ 瑞金某项目 / 设计：深圳大学城市规划研究院 / 绘制：深圳市原创力数码影像设计有限公司

②

②

②

③

规划设计 /Planning Design

152/153 城市设计 /Urban Design

① 温州七都岛规划 / 设计：温州规划设计院 / 绘制：温州焕彩文化传媒有限公司
② 福建某项目 / 绘制：上海艺道
③ 宏冠大厦东地块规划 / 绘制：上海艺道
④ 鹤壁市南海路某规划 / 设计：郑州大学综合设计研究院 汪霞 / 绘制：郑州指南针视觉艺术设计有限公司
⑤ 洪庆工业园 / 设计：西安市城市规划设计研究院 / 绘制：西安三川数码图像开发有限责任公司

④

⑤

规划设计 /Planning Design

①鹤壁市南海路南片区城市设计/设计：河南省城市规划设计研究总院有限公司 徐国亮/绘制：河南灵度建筑景观设计咨询有限公司
②芜湖某规划/设计：深圳中营都市设计有限公司/绘制：深圳蓝领志数码科技有限公司
③沈阳北塔钢材市场规划/设计：沈阳市华域建筑设计有限公司 隋春生 张海 王英旭/绘制：沈阳帧帝三维建筑艺术有限公司
④三门峡天鹅湖环球中心/设计：河南省建筑设计研究院有限公司 陈建国/绘制：河南灵度建筑景观设计咨询有限公司
⑤辽宁彰武汽车城规划/设计：沈阳市华域建筑设计有限公司 隋春生 张海/绘制：沈阳帧帝三维建筑艺术有限公司

① 世博未来城 / 绘制：深圳市水木数码影像科技有限公司
② 上虞某规划 / 设计：清华同衡规划设计研究院
③ 兰州某规划 / 绘制：深圳市水木数码影像科技有限公司

①

①

①

①

规划设计 /Planning Design

158/159 城市设计 /Urban Design

① 新地城市设计 / 设计：筑博设计股份有限公司 / 绘制：广州志盛数码科技有限公司
② 高新低碳环保科技园 / 设计：中建国际设计顾问有限公司 王媛 / 绘制：成都市亿点数码艺术设计有限公司
③ 某城市设计 / 绘制：上海艺道
④ 亿丰时代广场整体规划 / 设计：日本鹿岛建设（咨询）有限公司 / 绘制：沈阳帧帝三维建筑艺术有限公司

①

规划设计 /Planning Design

160/161 城市设计 /Urban Design

① 某项目 / 绘制：河南灵度建筑景观设计咨询有限公司
② 禹王和阳翟大道城市设计 / 设计：河南省城市规划设计研究总院有限公司 刘辉 / 绘制：河南灵度建筑景观设计咨询有限公司
③ 商丘某项目 / 设计：深圳市柏仁建筑工程设计有限公司 / 绘制：深圳市图腾广告有限公司
④ 某住宅 / 设计：西安市城市规划设计研究院 / 绘制：西安三川数码图像开发有限责任公司
⑤ 重庆星光汇地块项目 / 设计：上海浦东建筑设计研究院有限公司 景指辉 / 绘制：上海蓝艺建筑表现有限公司
⑥ 月亮湖高层项目 / 设计：大庆市开发区规划建筑设计院 / 绘制：黑龙江省日盛图像设计有限公司
⑦ 常州钟楼经济开发区新闸园区规划 / 设计：常州规划设计院 / 绘制：上海日朗思图建筑设计咨询有限公司

① 广安武胜沿口古镇修复与规划设计 / 设计：重庆同舟建筑设计有限公司 胡东溟 尹庆 肖楠 / 绘制：重庆巨蟹数码影像有限公司
② 大竹巴国古城 / 设计：重庆同舟建筑设计有限公司 胡东溟 尹庆 肖楠 / 绘制：重庆巨蟹数码影像有限公司
③ 随州农耕博物馆规划 / 设计：重庆大学城市规划与设计研究院 张兴国 / 绘制：重庆久筑数码图像有限公司

①

②

②

②

③

某古建规划项目／绘制：杭州禾本数字科技有限公司

规划设计
Planning Design

城市规划
Urban Planning

① 某滨江新区规划 / 设计：上海同济城市规划设计研究院 张尚武 / 绘制：上海一石数码科技有限公司
② 辽宁丹东某规划 / 设计：上海同济城市规划设计研究院 吴志强 / 绘制：上海一石数码科技有限公司
③ 天津东丽湖某项目 / 设计：伟信（天津）工程咨询有限公司 / 绘制：天津砚宸科技有限公司

①

规划设计 / Planning Design

168/169 城市规划 / Urban Planning

① 海螺沟规划设计 / 设计：上海威尔考特建筑设计有限公司 / 绘制：上海艺酷数字科技有限公司
② 江苏林州新区规划 / 设计：上海轩易建筑规划设计有限公司 / 绘制：上海艺酷数字科技有限公司

②

①

②

① 浦江某规划 / 设计：中国城市规划院 尹维娜 / 绘制：上海一石数码科技有限公司
② 海口抚仙湖规划设计 / 设计：上海同济城市规划设计研究院 陈秋林 / 绘制：上海一石数码科技有限公司
③ 海螺沟规划设计 / 设计：上海威尔考特建筑设计有限公司 / 绘制：上海艺酷数字科技有限公司
④ 武夷山某规划 / 设计：上海蓝道建筑设计有限公司 冯凡 / 绘制：上海一石数码科技有限公司

① 昆明太平新城城市规划 / 设计：中国城市发展研究院上海分院 刘刚 / 绘制：上海艺酷数字科技有限公司
② 安徽淮北龙冠湖规划设计 / 设计：上海久一建筑规划设计有限公司 黄桂利 / 绘制：上海一石数码科技有限公司

① 某规划 / 绘制：上海海纳建筑动画
② 蓬莱人工岛规划设计 / 设计：美国 W&R 国际设计集团 / 绘制：上海艺酷数字科技有限公司

① 广州中山城市规划 / 设计：上海同济城市规划设计研究院 冯凡 / 绘制：上海一石数码科技有限公司
② 沈阳新城规划设计 / 设计：上海同济城市规划设计研究院 吴志强 / 绘制：上海一石数码科技有限公司

① 万科某项目 / 设计：深圳市鑫中建筑设计顾问有限公司 张大鹏 / 绘制：重庆巨蟹数码影像有限公司
② 石城县梅湖片区城市规划 / 设计：同济大学建筑设计研究院 / 绘制：上海翰境数码科技有限公司
③ 沈阳新城规划设计 / 设计：上海同济城市规划设计研究院 吴志强 / 绘制：上海一石数码科技有限公司
④ 枣山某项目 / 设计：伟信（天津）工程咨询有限公司 / 绘制：天津砚宸科技有限公司

③

④

① 福建龙岩度假村 / 设计：上海锋思建筑设计有限公司 / 绘制：上海艺酷数字科技有限公司
② 河北香河规划设计 / 设计：美国栢诚集团 / 绘制：上海写意数字图像有限公司
③ 黄河旅游度假村方案一 / 设计：英国阿特金斯集团 / 绘制：上海写意数字图像有限公司
①

②

规划设计 / **Planning Design**

182/183 城市规划 / Urban Planning

① 某项目 / 绘制：北京海岸天数码科技发展有限公司
② 湖北大悟县规划 / 设计：上海同济城市规划设计研究院 章琴 / 绘制：上海一石数码科技有限公司
③ 昆明西城规划设计 / 设计：都市联合设计（英国）有限公司 / 绘制：上海艺酷数字科技有限公司

②

③

① 常州玫瑰湖规划 / 设计：江苏嘉宏投资集团 / 绘制：江苏印象乾图数字科技有限公司
② 新城香溢澜桥规划 / 设计：江苏新城地产股份有限公司 / 绘制：江苏印象乾图数字科技有限公司

规划设计 /Planning Design

186/187 城市规划 /Urban Planning

① 金科合川世界城 / 设计：上海对外建设建筑设计有限公司 颜希 / 绘制：重庆巨蟹数码影像有限公司
② 鸥鹏・凤凰国际新城 / 设计：豪张思建筑设计有限公司 / 绘制：重庆巨蟹数码影像有限公司

规划设计／**Planning Design**

188/189 城市规划／Urban Planning

① 常州新城帝景规划设计／设计：江苏新城地产股份有限公司／绘制：江苏印象乾图数字科技有限公司
② 重庆万科悦峰规划设计／设计：中国机械工业第三设计院 卢娟／绘制：重庆巨蟹数码影像有限公司
③ 金科天籁城／设计：北京中环世纪工程设计有限责任公司 马军冒／绘制：重庆巨蟹数码影像有限公司
④ 重庆璧山金科中央公园城／设计：广东省华城建筑设计有限公司 刘凯／绘制：重庆巨蟹数码影像有限公司
⑤ 余杭绿城玉园／绘制：杭州无影建筑设计咨询有限公司

① 金科永川中央公园城 / 设计：深圳市朗石园林设计有限公司 汪晓阳 / 绘制：重庆巨蟹数码影像有限公司
② 金科荣昌世界城二期 / 设计：机械工业第三设计院 唐建 / 绘制：重庆巨蟹数码影像有限公司
③ 金科廊桥水乡 / 设计：机械工业第三设计院 冯毅 / 绘制：重庆巨蟹数码影像有限公司

规划设计 / **Planning Design**

192/193 城市规划 / Urban Planning

① 海南海口城市规划 / 设计：中国城市规划院 赵进 / 绘制：上海一石数码科技有限公司
② 江西省省政府规划 / 设计：江西省建筑设计研究总院 / 绘制：南昌锐意装饰工程咨询有限公司
③ 正兴现代农业产业园 / 绘制：上海维思数码技术有限公司
④ 河南南阳太公湖规划设计 / 设计：河南省城市规划设计研究总院 邢勋 / 绘制：郑州指南针视觉艺术设计有限公司
⑤ 九龙湖度假村 / 设计：上海同济城市规划设计研究院 吴程照 / 绘制：上海一石数码科技有限公司

规划设计 /Planning Design

① 潍坊科教创新区规划设计 / 设计：上海复旦规划建筑设计研究院五所 / 绘制：上海写意数字图像有限公司
② 马鞍山城市规划 / 设计：上海复旦规划建筑设计研究院五所 / 绘制：上海写意数字图像有限公司
③ 唐山湾某规划设计 / 设计：亚泰都会城市规划设计研究院上海分院 / 绘制：上海写意数字图像有限公司

规划设计 ∕ Planning Design

196/197 城市规划 / Urban Planning

①广州南沙规划设计 / 绘制：上海写意数字图像有限公司
②西安渭河某规划 / 设计：上海同济城市规划设计研究院 / 绘制：上海写意数字图像有限公司
③连云港某项目 / 设计：亚泰都会城市规划设计研究院上海分院 / 绘制：上海写意数字图像有限公司
④淮安白马湖规划 / 绘制：杭州弧引数字科技有限公司
⑤北京永定河规划 / 设计：奥雅纳工程咨询（上海）有限公司 / 绘制：上海写意数字图像有限公司

④

④

⑤

①

规划设计 ∕Planning Design

198/199 城市规划 / Urban Planning

① 射阳城市规划 / 设计：上海瀚极建筑设计有限公司 / 绘制：上海写意数字图像有限公司
② 巢湖北岸规划 / 设计：上海华汇建筑设计有限公司 / 绘制：上海写意数字图像有限公司
③ 某温泉度假村 / 设计：上海友景建筑设计有限公司 / 绘制：上海写意数字图像有限公司
④ 淮安新城规划 / 设计：上海复旦规划建筑设计研究院五所 / 绘制：上海写意数字图像有限公司

②

③

④

①

①

①

①

②

②

②

规划设计 ∕ **Planning Design**

202/203 城市规划 ∕ Urban Planning

① 贵阳红岩某规划 ∕ 设计：上海日清建筑设计有限公司 ∕ 绘制：上海翰境数码科技有限公司
② 景德镇电厂地块规划 ∕ 设计：江西省建筑设计研究总院七所 ∕ 绘制：南昌锐意装饰工程咨询有限公司
③ 某项目 ∕ 绘制：上海翰境数码科技有限公司

①

②

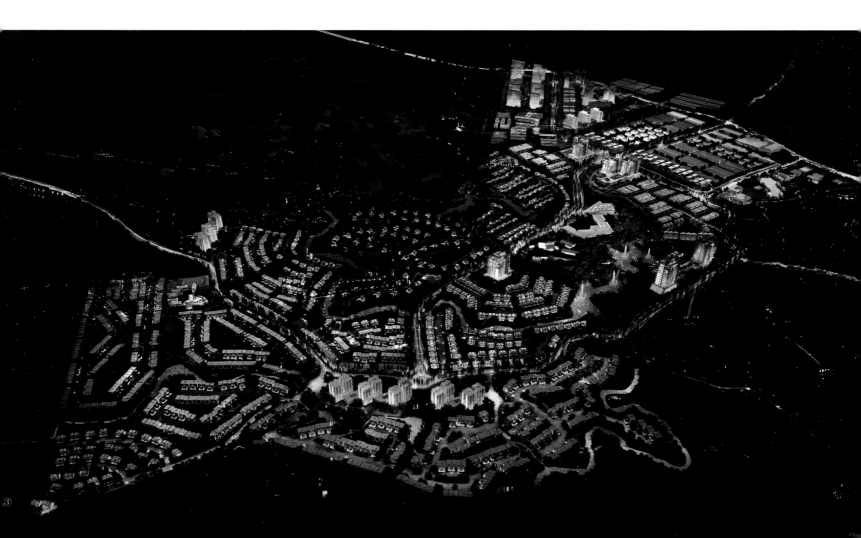

③

①

①

规划设计 / **Planning Design**

204/205　城市规划 / Urban Planning

① 北京珍珠湖规划设计 / 绘制：上海海纳建筑动画
② 世博未来城 / 绘制：深圳水木数码影像科技有限公司

①

②

① 鹰潭某项目 / 绘制：南昌浩瀚数字科技有限公司
② 迪诺水镇规划 / 设计：常州龙控集团 / 绘制：江苏印象乾图数字科技有限公司
③ 佛尔岗水库别墅区规划 / 设计：北京林堡建筑设计咨询有限公司 / 绘制：北京回形针图像设计有限公司

①

②

①

①

②

规划设计 /Planning Design

208/209 城市规划 /Urban Planning

① 兰州大学城 / 绘制：上海艺道
② 上海虹桥临空地块项目 / 设计：GID 国际建筑事务所 / 绘制：上海卓纳建筑设计有限公司
③ 海宁盐官某项目 / 设计：周金淼 / 绘制：杭州无影建筑设计咨询有限公司
④ 内蒙某项目 / 设计：西安市城市规划设计研究院 / 绘制：西安三川数码图像开发有限责任公司
⑤ 福州某项目 / 设计：清华同衡城市规划设计研究院 / 绘制：北京艺盛城数字科技有限公司
⑥ 哈尔滨艺术村 / 绘制：上海维思数码技术有限公司

③

① 规划设计 /**Planning Design**

210/211 城市规划 /Urban Planning

① 中山某项目 / 设计：华南理工大学建筑设计研究院城市建筑设计室 / 绘制：广州弘艺数码科技有限公司
② 河南武陟詹店新区城市规划 / 设计：泛华建设集团有限公司河南设计分公司 王红根 / 绘制：河南灵度建筑景观设计咨询有限公司
③ 河南登封少林旅游区规划 / 设计：上海同建华强建筑设计有限公司河南分公司 赵汉平 / 绘制：河南灵度建筑景观设计咨询有限公司
④ 庐山秀峰某项目 / 绘制：上海海纳建筑动画
⑤ 林州某规划 / 设计：河南省城市规划设计研究总院有限公司 徐国亮 / 绘制：河南灵度建筑景观设计咨询有限公司
⑥ 赣州某规划 / 绘制：宁波市前沿数字科技有限公司

②

②

③

④

⑤

⑥

规划设计 /Planning Design

212 城市规划 /Urban Planning

①新疆尼勒克新城城市规划 / 设计：常州规划设计院 / 绘制：上海日朗思图建筑设计咨询有限公司
②郎溪城市规划 / 设计：常州市城市建设（集团）有限公司 / 绘制：上海日朗思图建筑设计咨询有限公司

文化建筑
Cultural Architecture

博物馆及会展中心
Museum and Exhibition Center

①

文化建筑 / Cultural Architecture

214/215 博物馆及会展中心 / Museum and Exhibition Center

① 阿曼电信总部 / 设计：GAJ 建筑事务所 / 绘制：丝路数字视觉股份有限公司
② 哈密奇石城 / 设计：海南华筑国际工程设计咨询管理公司杭州分公司 / 绘制：杭州天朗数码影像设计有限公司
③ 福建南安一轴四馆 / 设计：现代都市建筑设计院 / 绘制：杭州天朗数码影像设计有限公司

②

哈密奇石馆

① 某水上剧院／设计：中国航天建设集团有限公司浙江分公司／绘制：杭州天朗数码影像设计有限公司
② 哈尔滨歌剧院／设计：MAD建筑事务所／绘制：丝路数字视觉股份有限公司
③ 某项目／设计：凯达环球建筑设计咨询（北京）有限公司上海分公司／绘制：上海艺筑图文设计有限公司

①

②

③

① 某博物馆方案 / 绘制：丝路数字视觉股份有限公司
② 洛阳上清宫项目 / 设计：上海以靠建筑设计咨询有限公司 / 绘制：丝路数字视觉股份有限公司

① 某博物馆方案 / 绘制：丝路数字视觉股份有限公司
② 洛阳上清宫项目 / 设计：上海以靠建筑设计咨询有限公司 / 绘制：丝路数字视觉股份有限公司

① 江西科技馆 / 设计：华汇工程设计集团股份有限公司 / 绘制：杭州天朗数码影像设计有限公司
② 江苏阜宁五馆一中心 / 设计：现代都市建筑设计院 / 绘制：杭州天朗数码影像设计有限公司
③ 诸城市恐龙博物馆项目 / 设计：上海华都建筑规划设计有限公司 / 绘制：丝路数字视觉股份有限公司

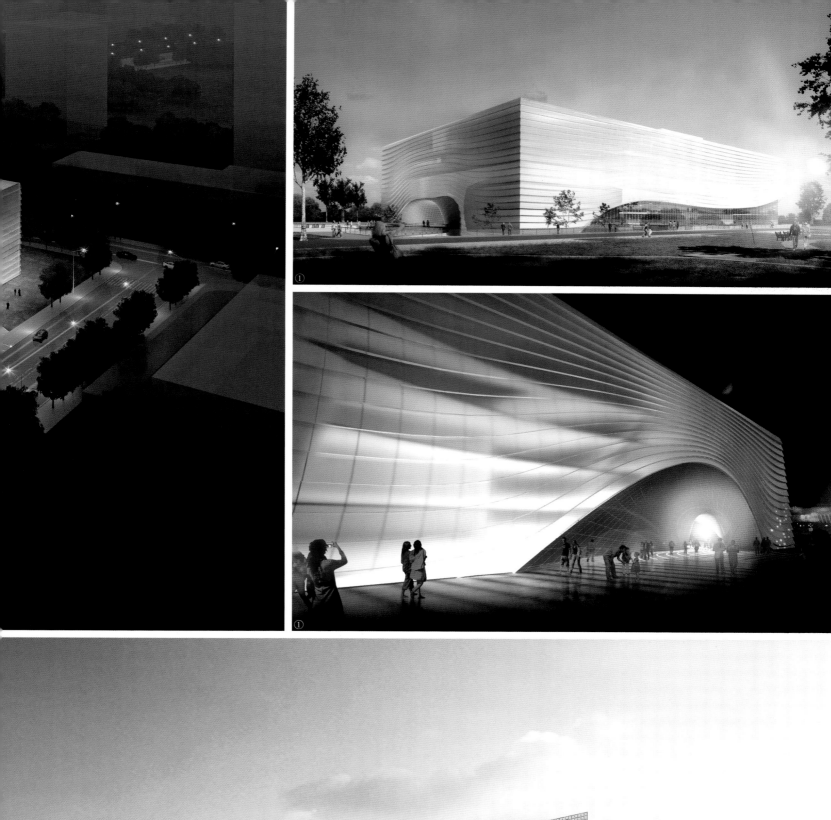

文化建筑 / Cultural Architecture

222/223 博物馆及会展中心 / Museum and Exhibition Center

① 新疆博乐某项目 / 设计：上海天华建筑设计有限公司五所 / 绘制：丝路数字视觉股份有限公司
② 罗马某项目 / 绘制：丝路数字视觉股份有限公司

① 汉中兴元新区某项目 / 设计：美国 JWDA 建筑设计事务所 / 绘制：丝路数字视觉股份有限公司
② 华大基因中心 / 设计：中建国际（深圳）设计顾问有限公司 / 绘制：丝路数字视觉股份有限公司

①

②

文化建筑 / Cultural Architecture

226/227 博物馆及会展中心 / Museum and Exhibition Center

孝感文化中心 / 设计：上海中建建筑设计院有限公司 / 绘制：上海艺酷数字科技有限公司

文化建筑 / Cultural Architecture

226/227 博物馆及会展中心 / Museum and Exhibition Center

孝感文化中心 / 设计：上海中建建筑设计院有限公司 / 绘制：上海艺酷数字科技有限公司

① 孝感文化中心 / 设计：上海中建建筑设计院有限公司 / 绘制：上海艺酷数字科技有限公司
② 慈溪市规划展示馆 / 设计：浙江大学建筑设计研究院 / 绘制：杭州天朗数码影像设计有限公司
③ 鹰潭市科技馆及青少年活动中心 / 设计：华汇工程设计集团股份有限公司 / 绘制：杭州天朗数码影像设计有限公司
④ 宿州市城市规划展览馆 / 绘制：丝路数字视觉股份有限公司

文化建筑 / Cultural Architecture

230/231 博物馆及会展中心 / Museum and Exhibition Center

诸城市恐龙博物馆项目 / 设计：上海华都建筑规划设计有限公司 / 绘制：丝路数字视觉股份有限公司

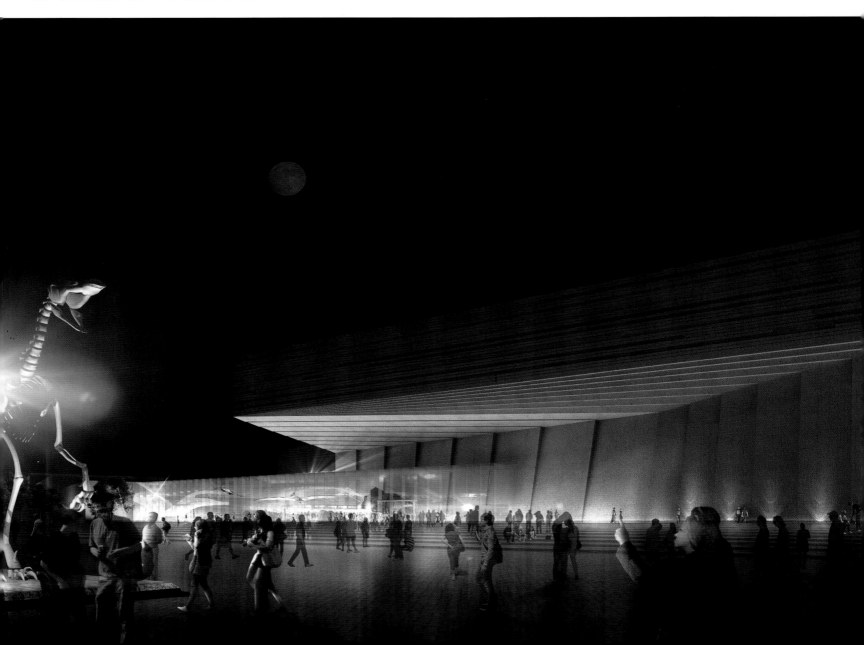

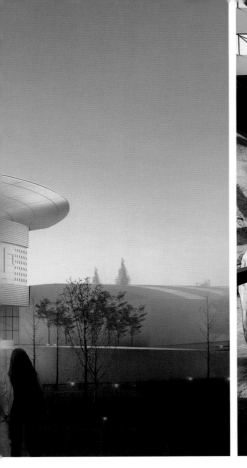

① 某项目 / 设计：浙江大学建筑设计研究院 / 绘制：杭州天朗数码影像设计有限公司
② 江西科技馆文化艺术中心 / 设计：华汇工程设计集团股份有限公司 / 绘制：杭州天朗数码影像设计有限公司

①

①

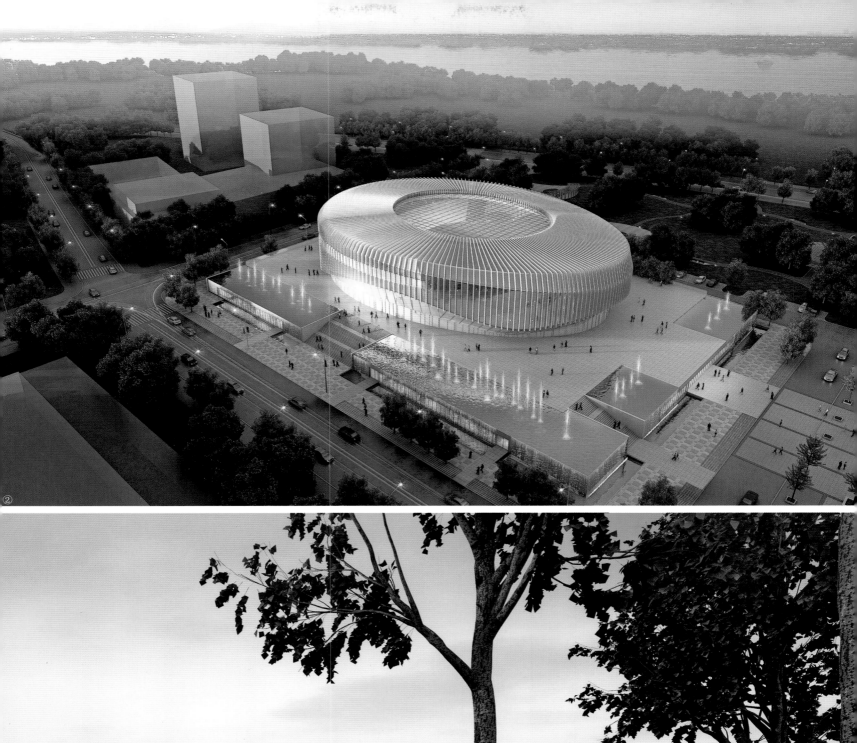

① 豪州文化公园 / 设计：深圳建筑设计研究院第一分院四所 / 绘制：丝路数字视觉股份有限公司
② 河北廊坊某项目 / 绘制：上海写意数字图像有限公司
③ 中粮集团某项目 / 设计：上海日清建筑设计有限公司 / 绘制：上海翰境数码科技有限公司

文化建筑 / **Cultural Architecture**

236/237 博物馆及会展中心 / Museum and Exhibition Center

① 山西广灵灵栖岛博物馆 / 绘制：天津砚宸科技有限公司
② 苏州高新区文化中心项目 / 设计：上海天旻建筑设计有限公司 / 绘制：上海写意数字图像有限公司
③ 某文化中心 / 设计：浙江华展工程研究设计院有限公司 / 绘制：宁波江北筑景建筑表现设计中心
④ 某酒博馆 / 设计：北京森磊源建筑规划设计有限公司 / 绘制：杭州天朗数码影像设计有限公司
⑤ 某项目 / 设计：北京 JA 城市规划与景观设计有限公司 / 绘制：杭州天朗数码影像设计有限公司

文化建筑 / Cultural Architecture

242/243 博物馆及会展中心 / Museum and Exhibition Center

釜山歌剧院 / 设计：OODA 建筑事务所

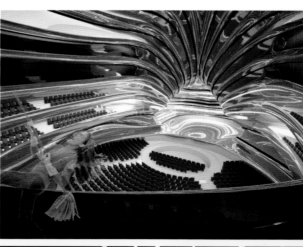

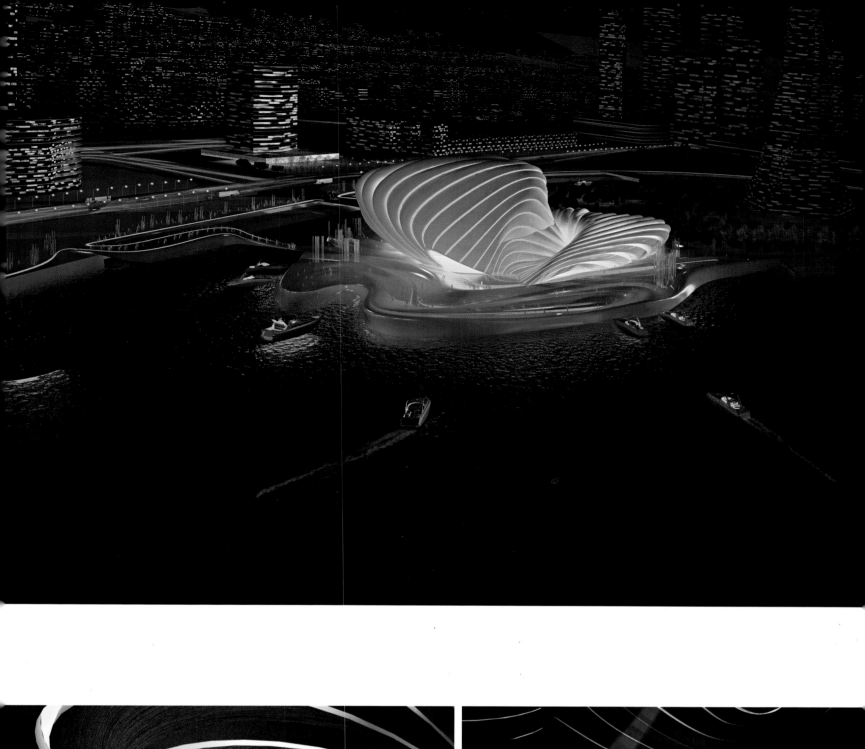

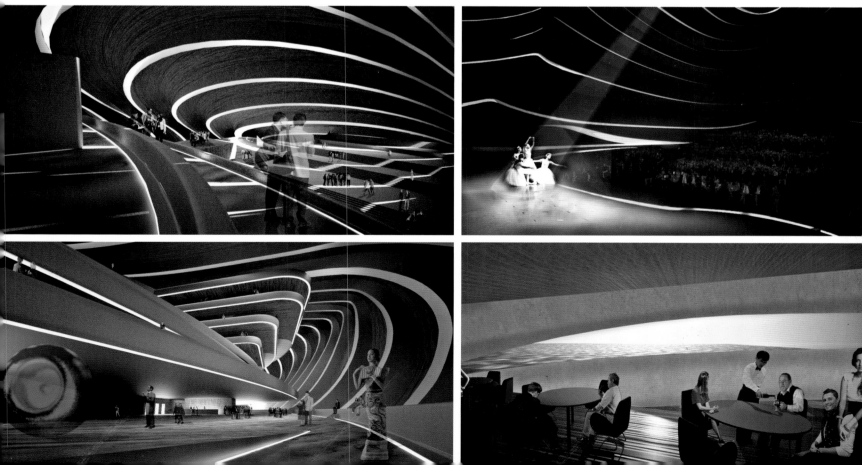

① 台北艺术博物馆 / 设计：OODA 建筑事务所
② 伊斯坦布尔灾害预防和教育中心 / 设计：OODA 建筑事务所

① 承德规划展览馆／设计：清华大学建筑设计研究院许懋彦工作室／绘制：北京回形针图像设计有限公司
② 某博物馆／设计：上海新明堂建筑规划设计有限公司／绘制：上海艺筑图文设计有限公司
③ 滦平山戎博物馆方案／设计：藤建筑设计工作室（北京）朱晨 李昂／绘制：北京回形针图像设计有限公司
④ 某博物馆／绘制：黑龙江省日盛图像设计有限公司

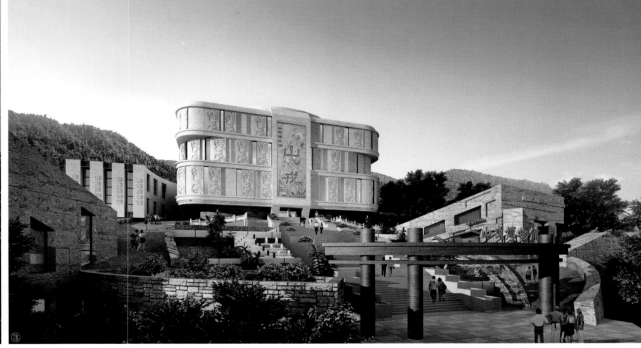

① 宁波东钱湖旅游集散中心 / 设计：宁波大学建筑设计研究院 / 绘制：宁波江北筑景建筑表现设计中心
② 某项目 / 绘制：上海艺筑图文设计有限公司
③ 贵州六盘水某项目 / 设计：上海柏盟规划设计咨询有限公司 / 绘制：上海艺酷数字科技有限公司

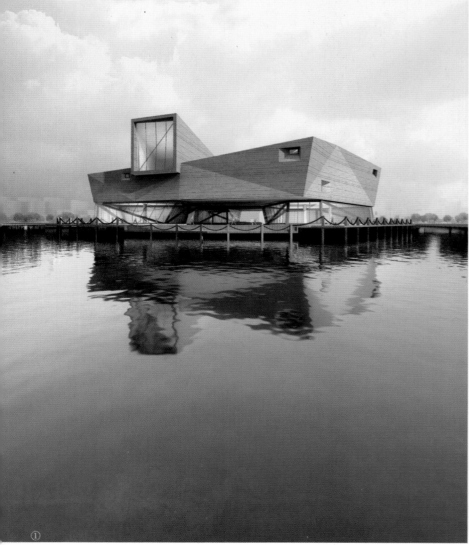

③

文化建筑 / **Cultural Architecture**

250/251 博物馆及会展中心 / Museum and Exhibition Center

① 贵州六盘水某项目 / 设计：上海柏盟规划设计咨询有限公司 / 绘制：上海艺酷数字科技有限公司
② 宁波东钱湖旅游集散中心 / 设计：宁波大学建筑设计研究院 / 绘制：宁波江北筑景建筑表现设计中心
③ 某音乐馆 / 设计：浙江省工业设计研究院 / 绘制：杭州巨思建筑设计咨询有限公司

②

③

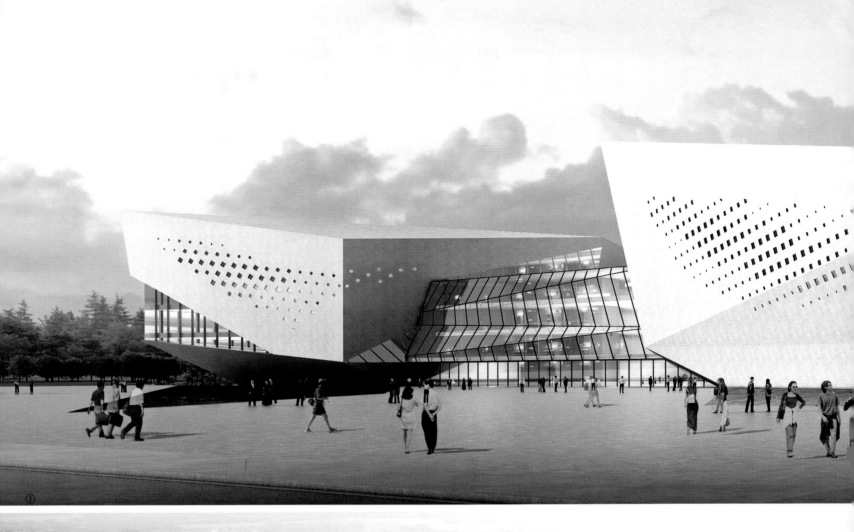

①

文化建筑 / Cultural Architecture

254/255 博物馆及会展中心 / Museum and Exhibition Center

① 桐庐某项目 / 设计：浙江华坤建筑设计院有限公司 / 绘制：杭州炫蓝数字科技有限公司
② 某项目 / 绘制：上海创昊艺术设计有限公司
③ 北京某艺术中心 / 绘制：上海创昊艺术设计有限公司

②

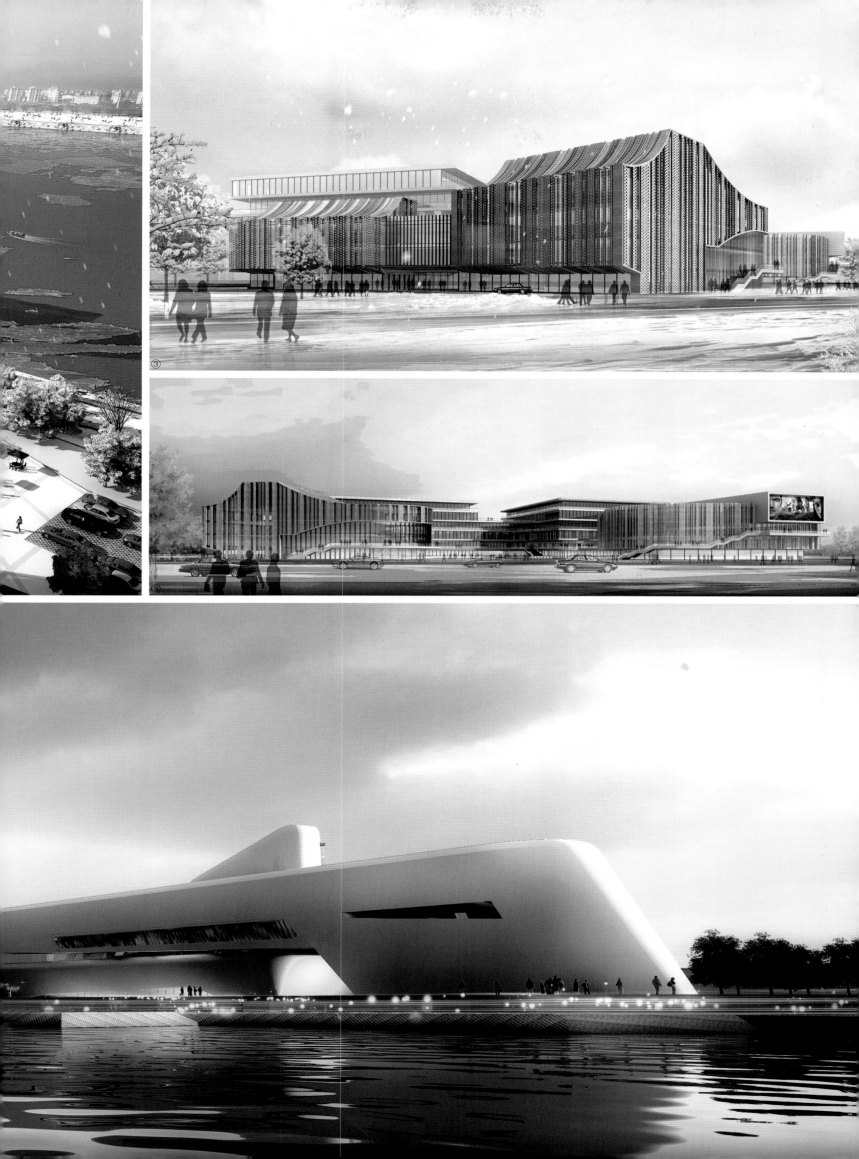

①

文化建筑 / Cultural Architecture

256/257 博物馆及会展中心 / Museum and Exhibition Center

① 某项目 / 绘制：北京海岸天数码科技发展有限公司
② 某博物馆 / 设计：中国瑞林工程技术有限公司 / 绘制：南昌浩瀚数字科技有限公司
③ 某博物馆 / 设计：英国 JR 设计（上海）公司 / 绘制：上海创昊艺术设计有限公司
④ 某文化馆 / 绘制：宁波江北筑景建筑表现设计中心
⑤ 林口博物馆 / 设计：哈尔滨工业大学建筑设计研究院 / 绘制：黑龙江省日盛图像设计有限公司

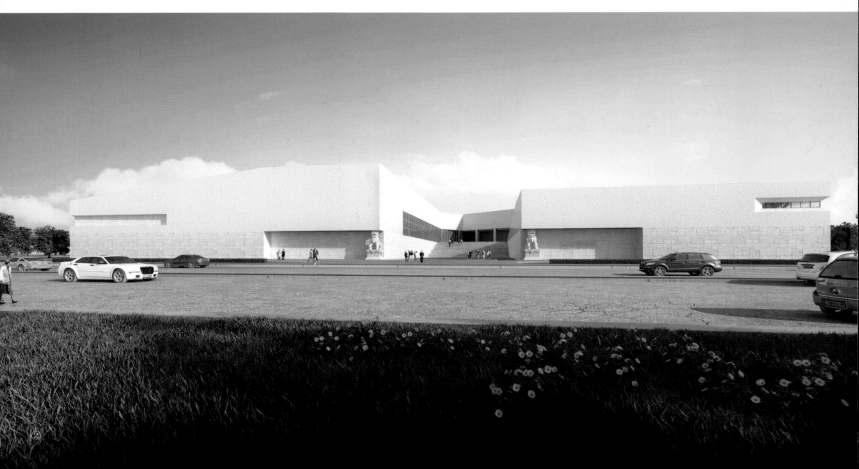

②

文化建筑 / Cultural Architecture

258/259 博物馆及会展中心 / Museum and Exhibition Center

① 东阳木雕博物馆和展览馆 / 设计：中国联合工程公司 / 绘制：杭州博凡数码影像设计有限公司
② 玻璃文化园 / 绘制：丝路数字视觉股份有限公司

文化建筑 /Cultural Architecture

260/261 博物馆及会展中心 /Museum and Exhibition Center

① 镇海文化宫改造 / 绘制：杭州天朗数码影像设计有限公司
② 溧水文化艺术中心 / 设计：浙江大学建筑设计研究院 A-3 建筑工作室 / 绘制：杭州无影建筑设计咨询有限公司
③ 东阳木雕博物馆和展览馆 / 设计：中国联合工程公司 / 绘制：杭州博凡数码影像设计有限公司

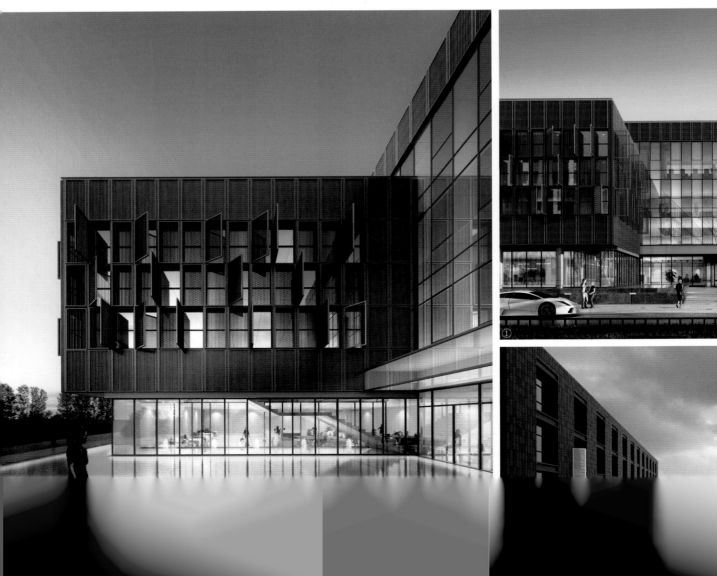

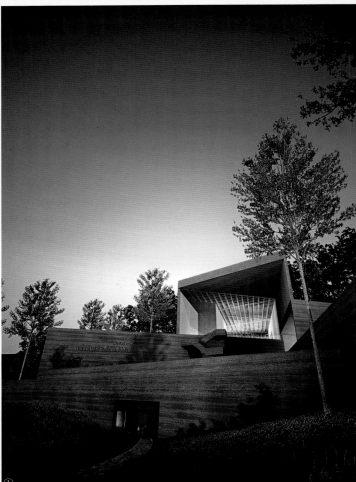

文化建筑 / Cultural Architecture

① 江西瑞昌铜铃遗址博物馆 / 设计：上海日清建筑设计有限公司 / 绘制：上海翰境数码科技有限公司
② 某博物馆 / 绘制：黑龙江省日盛图像设计有限公司

①

②

文化建筑 / Cultural Architecture

264/265 博物馆及会展中心 / Museum and Exhibition Center

① 浙江兰溪某项目入口修建 / 设计：浙江大学城乡规划设计研究院 / 绘制：杭州天朗数码影像设计有限公司
② 开封某项目 / 设计：建学建筑与工程设计所有限公司 / 绘制：杭州天朗数码影像设计有限公司

文化建筑 /Cultural Architecture

266/267 博物馆及会展中心 /Museum and Exhibition Center

中粮集团某项目方案一 / 设计：上海日清建筑设计有限公司 / 绘制：上海翰境数码科技有限公司

文化建筑 / Cultural Architecture

268/269 博物馆及会展中心 / Museum and Exhibition Center

中粮集团某项目方案二 / 设计：上海日清建筑设计有限公司 / 绘制：上海翰境数码科技有限公司

Water Biome

①

文化建筑 /Cultural Architecture

270/271 博物馆及会展中心 /Museum and Exhibition Center

① 常州北部新城某项目 / 设计：江苏筑森建筑设计有限公司 / 绘制：江苏印象乾图数字科技有限公司
② 中粮集团某项目方案二 / 设计：上海日清建筑设计有限公司 / 绘制：上海翰境数码科技有限公司

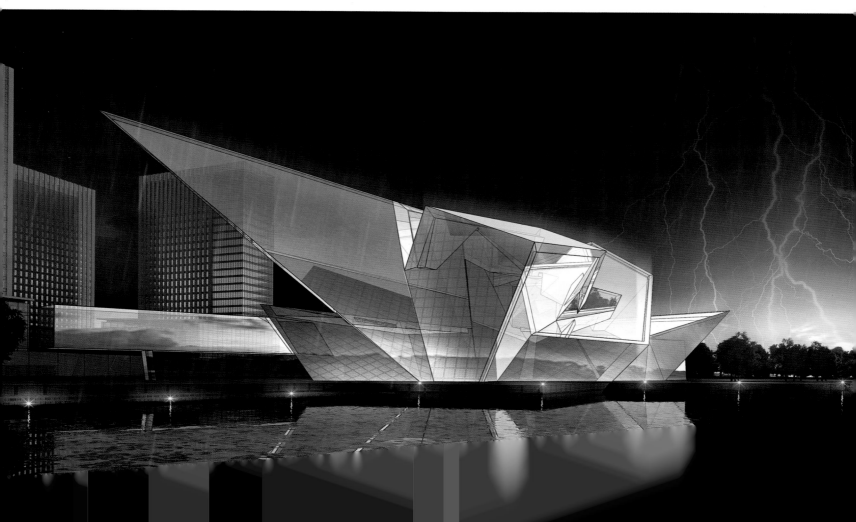

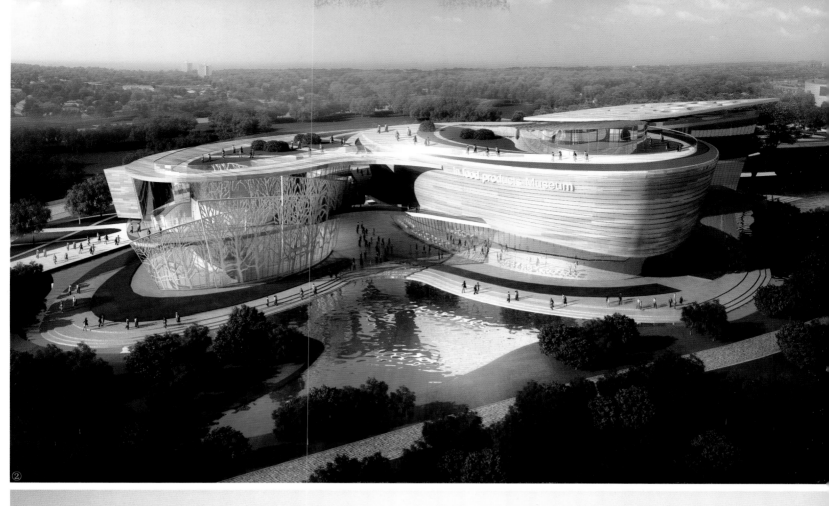

① 白鹤京杭路文化中心／设计：上海同济大学建筑设计研究院综合设计四所／绘制：上海写意数字图像有限公司
② 青海音乐城／设计：迦得·MYP 设计咨询（上海）有限公司／绘制：上海写意数字图像有限公司
③ 郑州轻院（车公园）／设计：江苏华建建筑设计研究院／绘制：江苏华建阳光科技有限公司
④ 青岛凤凰温泉项目／绘制：上海日朗思图建筑设计咨询有限公司

① 泉州市民广场 / 设计：同济大学建筑设计研究院四所 / 绘制：上海写意数字图像有限公司
② 武汉北湖某项目 / 设计：武汉中合建筑设计事务所 / 绘制：上海写意数字图像有限公司

鲤城

鲤城

③

③

④

① 泉州市民广场 / 设计：同济大学建筑设计研究院四所 / 绘制：上海写意数字图像有限公司
② 武汉北湖某项目 / 设计：武汉中合建筑设计事务所 / 绘制：上海写意数字图像有限公司

①

②

某艺术中心 / 设计：同济大学建筑设计研究院南昌分院 / 绘制：南昌浩瀚数字科技有限公司

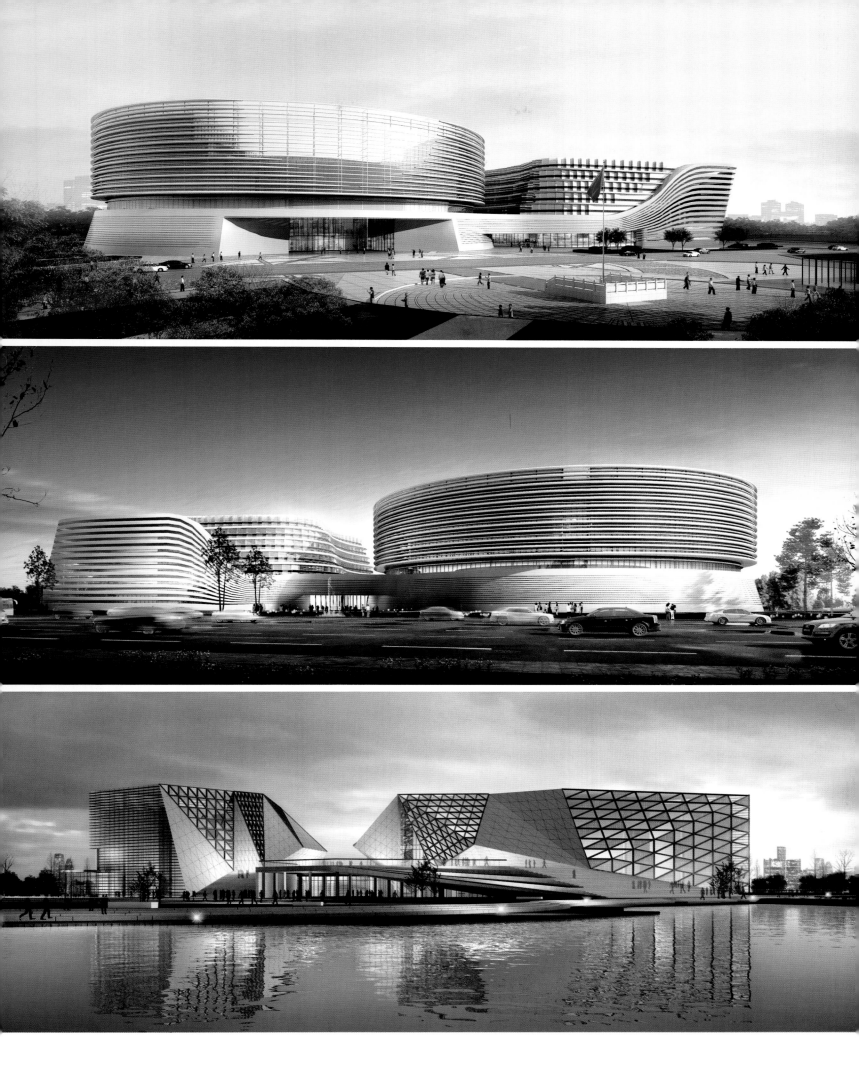

文化建筑 / Cultural Architecture

278/279 博物馆及会展中心 / Museum and Exhibition Center

某项目 / 绘制：上海写意数字图像有限公司

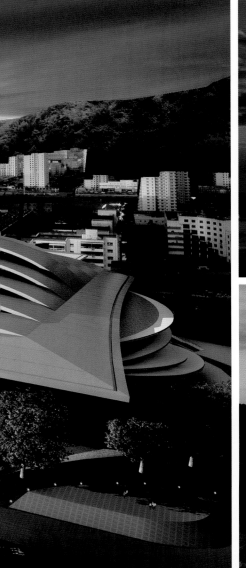

文化建筑 / Cultural Architecture

280/281 博物馆及会展中心 / Museum and Exhibition Center

① 山东茌平文昌街某项目 / 设计：上海禾木景观规划设计机构 / 绘制：上海写意数字图像有限公司
② 青岛世界园艺博览会植物馆 / 绘制：上海赫智建筑设计有限公司

文化建筑 / Cultural Architecture
282/283 博物馆及会展中心 / Museum and Exhibition Center

① 某演艺厅 / 绘制：上海海纳建筑动画
② 三亚某项目 / 绘制：上海海纳建筑动画
③ 辽宁文化馆 / 设计：上海栖城建筑规划设计有限公司 周峻 / 绘制：上海一石数码科技有限公司
④ 辽宁图书馆 / 设计：上海栖城建筑规划设计有限公司 周峻 / 绘制：上海一石数码科技有限公司
⑤ 辽宁博物馆 / 设计：上海栖城建筑规划设计有限公司 周峻 / 绘制：上海一石数码科技有限公司

文化建筑 / Cultural Architecture

284/285 博物馆及会展中心 / Museum and Exhibition Center

① 长春某项目 / 设计：上海戴文建筑景观设计有限公司 / 绘制：上海写意数字图像有限公司
② 大兴安岭地区博物馆 / 设计：哈尔滨天宸建筑设计有限公司 / 绘制：黑龙江省日盛图像设计有限公司

文化建筑 / Cultural Architecture

286/287 博物馆及会展中心 / Museum and Exhibition Center

① 青岛某项目 / 设计：意大利 FUKSAS 建筑事务所 / 绘制：北京蓝竹数字科技有限公司
② 某剧院 / 设计：意大利 FUKSAS 建筑事务所 / 绘制：北京蓝竹数字科技有限公司
③ 某酒窖 / 设计：意大利 FUKSAS 建筑事务所 / 绘制：北京蓝竹数字科技有限公司
④ 某项目 / 设计：意大利 FUKSAS 建筑事务所 / 绘制：北京蓝竹数字科技有限公司

①

①

②

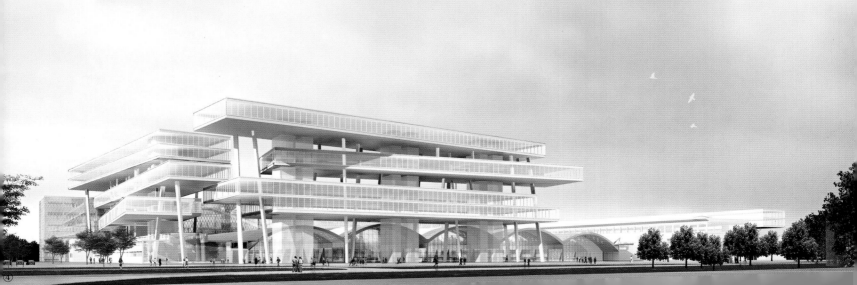

文化建筑 / Cultural Architecture

288/289 博物馆及会展中心 / Museum and Exhibition Center

① 某马场 / 设计：意大利 FUKSAS 建筑事务所 / 绘制：北京蓝竹数字科技有限公司
② 上海交易中心 / 设计：意大利 FUKSAS 建筑事务所 / 绘制：北京蓝竹数字科技有限公司

① 广西崇左文化中心 / 设计：南宁市建筑设计院三所 / 绘制：上海写意数字图像有限公司
② 大冶市群众文化馆 / 设计：上海城市空间建筑设计咨询有限公司 / 绘制：上海艺筑图文设计有限公司
③ 富阳市青少年宫 / 设计：浙江省建筑设计研究院 / 绘制：上海艺筑图文设计有限公司

①

②

②

③

文化建筑 / Cultural Architecture

292/293 博物馆及会展中心 / Museum and Exhibition Center

奥斯陆峡湾会议中心 / 设计：Haptic 建筑事务所

文化建筑 / Cultural Architecture

294/295 博物馆及会展中心 / Museum and Exhibition Center

① 河池市城西新区行政中心地块概念方案设计 / 设计：香港博尚建筑规划设计有限公司 张杰 / 绘制：重庆巨蟹数码影像有限公司
② 某项目 / 设计：上海尼苔建筑景观设计有限公司 / 绘制：上海艺酷数字科技有限公司
③ 辽宁营口文化馆 / 设计：同济大学建筑设计研究院 李磷学 / 绘制：上海一石数码科技有限公司

① 通州市民中心 / 设计：贾中的 / 绘制：杭州无影建筑设计咨询有限公司
② 某文化艺术中心 / 设计：同济大学建筑设计研究院南昌分院 / 绘制：南昌浩瀚数字科技有限公司

①

①

①

①

②

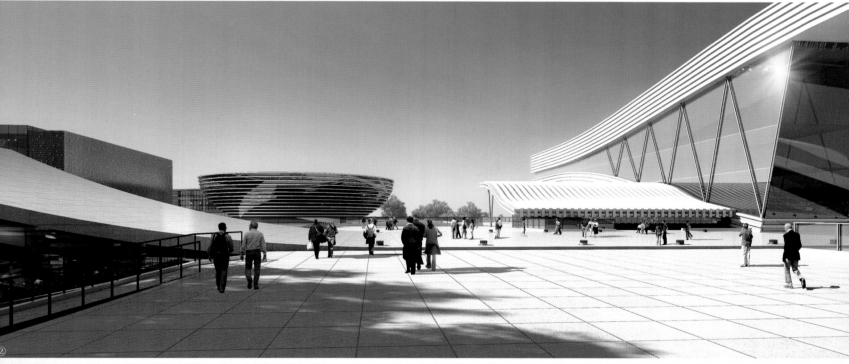

②

②

②

①

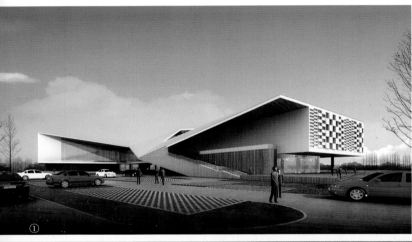

①

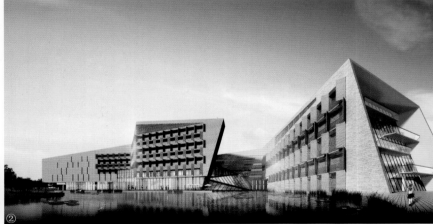

②

文化建筑 / Cultural Architecture

298/299 博物馆及会展中心 / Museum and Exhibition Center

① 连云港美食水岸 8 号楼 / 设计：上海栖城建筑规划设计有限公司 / 绘制：杭州创昱数码图像设计有限公司
② 大唐养生园 / 设计：中建国际设计顾问有限公司 / 绘制：成都市亿点数码艺术设计有限公司

文化建筑 / Cultural Architecture

300/301 博物馆及会展中心 / Museum and Exhibition Center

① 某美术馆 / 设计：浙江大学建筑设计研究院 A-3 建筑工作室 叶长青 / 绘制：杭州无影建筑设计咨询有限公司
② 某机车博物馆 / 设计：北京开放建筑设计咨询有限公司 郑蒙 / 绘制：天津砚宸科技有限公司

文化建筑 / Cultural Architecture

302/303 博物馆及会展中心 / Museum and Exhibition Center

① 大理钜融城 / 设计：杭州米格建筑设计有限公司 黄泽 / 绘制：杭州弧引数字科技有限公司
② 大盘山博物馆 / 设计：杭州米格建筑设计有限公司 / 绘制：杭州弧引数字科技有限公司

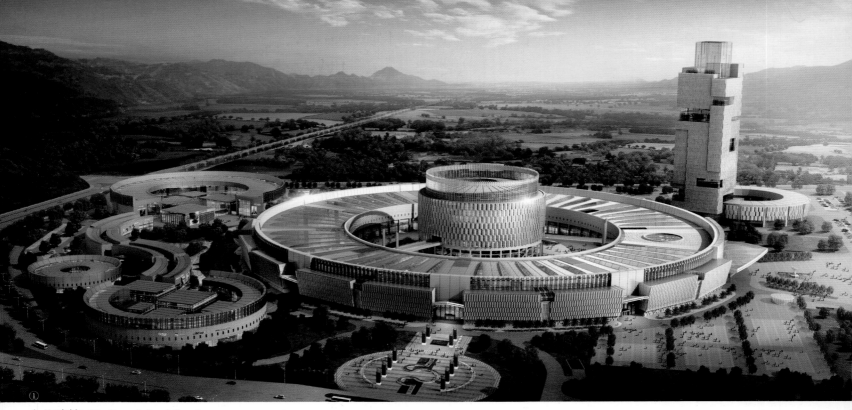

文化建筑 / **Cultural Architecture**

304/305 博物馆及会展中心 / Museum and Exhibition Center

① 龙岩某项目 / 设计：杭州中联筑境建筑设计有限公司 / 绘制：上海艺筑图文设计有限公司
② 闽候县博物馆 / 设计：厦门华炀工程设计有限公司 傅强 / 绘制：厦门众汇 **ONE** 数字科技有限公司
③ 杭州市博物馆 / 设计：杭州中联筑境建筑设计有限公司 / 绘制：上海艺筑图文设计有限公司
④ 某昆曲院 / 绘制：苏州斯巴克林建筑设计表现有限公司

①

文化建筑 / Cultural Architecture

306/307 博物馆及会展中心 / Museum and Exhibition Center

① 江西井冈山博物馆 / 设计：中国瑞林工程技术有限公司 / 绘制：南昌浩瀚数字科技有限公司
② 某昆曲院 / 绘制：苏州斯巴克林建筑设计表现有限公司

① 海宁中国丝绸博物馆 / 设计：中铁工程设计咨询集团有限公司杭州分院 周金淼 / 绘制：杭州无影建筑设计咨询有限公司
② 某项目 / 绘制：黑龙江省日盛图像设计有限公司
③ 某城市展馆 / 绘制：黑龙江省日盛图像设计有限公司
④ 某会展中心 / 设计：舟山市规划建筑设计研究院 / 绘制：宁波青禾建筑图像设计有限公司

①

①

①

①

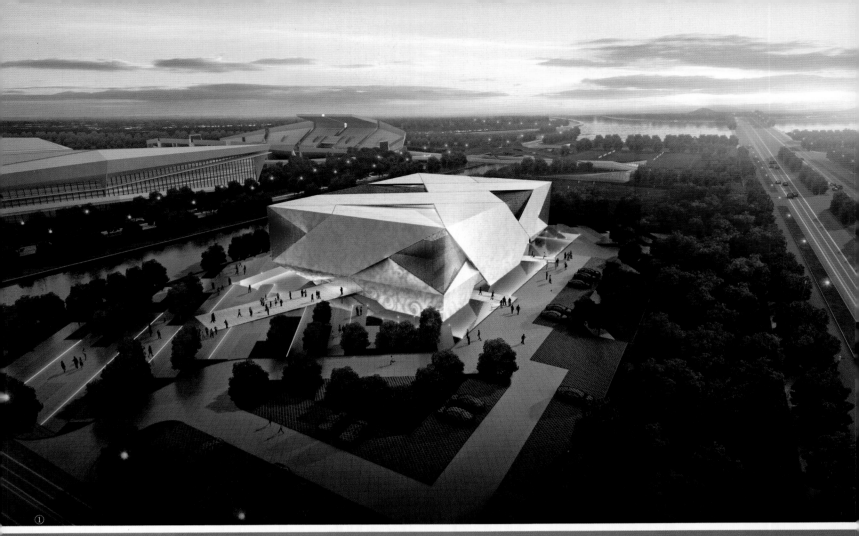

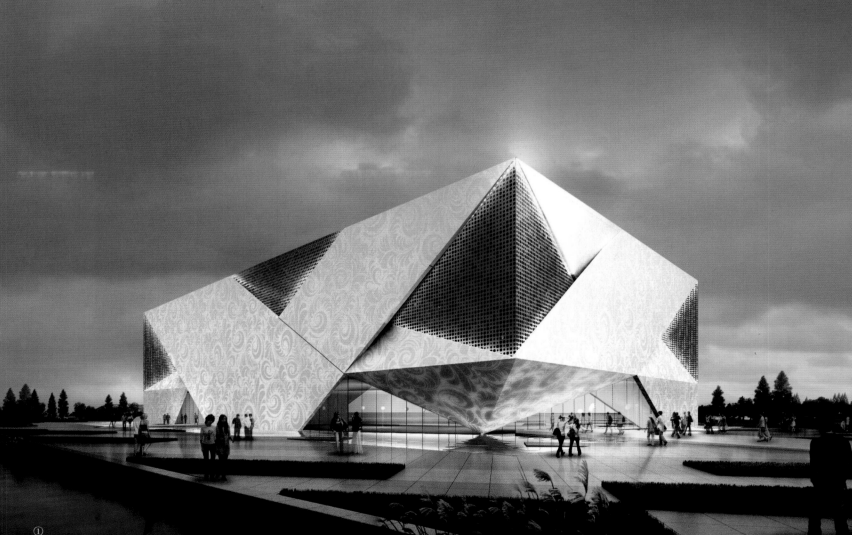

文化建筑 /Cultural Architecture

① 江苏通州城市展览馆 / 设计：浙江大学建筑设计研究院有限公司 马迪 / 绘制：杭州无影建筑设计咨询有限公司
② 桐庐某展览馆 / 设计：杭州联纵规划建筑设计有限公司 / 绘制：杭州巨思建筑设计咨询有限公司

① 无锡贡湖湾项目 / 设计：杭州中联筑境建筑设计有限公司 / 绘制：上海艺筑图文设计有限公司
② 萧山区瓜沥镇文体中心设计方案 / 设计：浙江南元建筑设计有限公司 周益元 葛华平 / 绘制：杭州猎人数字科技有限公司
③ 福泉某展览馆 / 设计：杭州光合建筑设计有限公司 / 绘制：杭州弧引数字科技有限公司

文化建筑 / Cultural Architecture

314/315 博物馆及会展中心 / Museum and Exhibition Center

① 克拉玛依展览馆 / 设计：德国 BHP 建筑设计事务所 / 绘制：上海写意数字图像有限公司
② 某活动中心 / 设计：张燕春 / 绘制：上海写意数字图像有限公司
③ 某展览馆 / 绘制：上海千暮数码科技有限公司
④ 山东某项目 / 设计：中国建筑科学研究院厦门分院 林鹏鸿 陈文艺 庄岩 / 绘制：厦门众汇 ONE 数字科技有限公司

① 某博物馆 / 绘制：成都市亿点数码艺术设计有限公司
② 周口市规划展览馆 / 设计：上海复旦规划建筑设计研究院 刘江 刘开明 / 绘制：上海蓝典环境艺术设计有限公司
③ 合肥滨湖森林公园会议中心 / 绘制：合肥东方石图像文化有限公司

①

②

③

③

③

文化建筑
Cultural Architecture

体育馆
Gymnasium

竞标方案表现作品集成

A COLLECTION OF ARCHITECTURAL COMPETITION SUBMISSIONS

OF ARCHITECTURAL

CULTURAL SUBMISSIONS

COMPETITION

A COLLECTION

⑤ 5

①

②

文化建筑／Cultural Architecture

318/319 体育馆／Gymnasium

① 某体育馆／设计：浙江工业大学建筑规划设计研究院有限公司／绘制：杭州天朗数码影像设计有限公司
② 上虞某项目／设计：杭州市城市规划设计研究院／绘制：杭州天朗数码影像设计有限公司
③ 郑州开发区体育馆／设计：SYN 建筑师事务所 邹迎晞／绘制：映像社稷（北京）数字科技有限责任公司

③

体育馆设计：思邦建筑设计咨询（上海）有限公司 设计有限公司
育 浙江 案 / 设计：浙江绿城建筑设计有限公司 建筑设计有限公

文化建筑 / Cultural Architecture

324/325 体育馆 / Gymnasium

① 克拉玛依游泳馆 / 设计：哈尔滨工业大学建筑设计研究院 / 绘制：黑龙江省日盛图像设计有限公司
② 某体育馆 / 绘制：黑龙江省日盛图像设计有限公司
③ 某体育馆 / 设计：哈尔滨工业大学建筑设计研究院 / 绘制：黑龙江省日盛图像设计有限公司
④ 独墅湖高教区 / 设计：上海同济大学建筑设计研究院综合设计四所 / 绘制：上海写意数字图像有限公司

③

③

④

①

文化建筑 / Cultural Architecture

326/327 体育馆 / Gymnasium

① 某游泳馆项目 / 设计：法国 PBA 国际有限公司 甘川 吴彦李 王驰 / 绘制：重庆巨蟹数码影像有限公司
② 某体育馆 / 设计：中国瑞林工程技术有限公司 / 绘制：南昌浩瀚数字科技有限公司
③ 某体育馆 / 绘制：上海写意数字图像有限公司

②

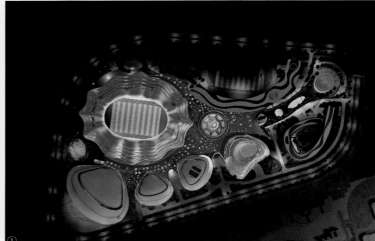

文化建筑 / Cultural Architecture

328/329 体育馆 / Gymnasium

① 科威特某体育馆 / 绘制：上海海纳建筑动画
② 聊城某项目 / 设计：深圳现代空间建筑设计顾问有限公司 / 绘制：深圳市艺慧数字影像有限公司
③ 广州东莞大岭山某项目 / 绘制：深圳市艺慧数字影像有限公司
④ 某项目 / 绘制：上海海纳建筑动画

①

②

③

文化建筑 /Cultural Architecture

330/331 体育馆 /Gymnasium

① 南通体育中心投标项目 / 设计：德国海茵建筑事务所 / 绘制：北京蓝竹数字科技有限公司
② 江西金溪第二中学体育馆 / 设计：江西省建筑设计研究总院 / 绘制：南昌浩瀚数字科技有限公司

文化建筑 / Cultural Architecture

332/333 体育馆 / Gymnasium

① 吉林松原体育馆 / 设计：哈尔滨工业大学建筑设计研究院 / 绘制：黑龙江省日盛图像设计有限公司
② 昆山体育中心训练馆 / 设计：浙江绿城建筑设计有限公司 / 绘制：上海赫智建筑设计有限公司
③ 南通体育中心投标项目 / 设计：德国海茵建筑事务所 / 绘制：北京蓝竹数字科技有限公司

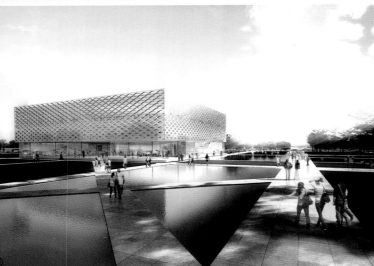

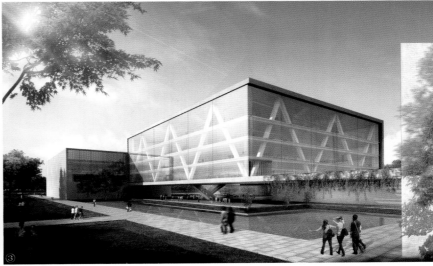

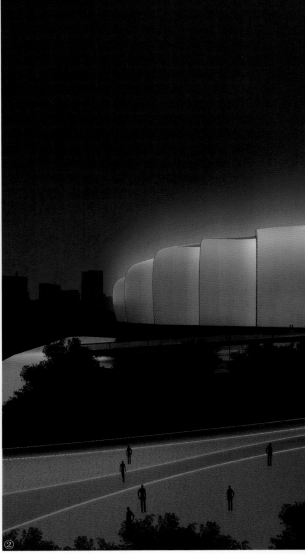

文化建筑／Cultural Architecture

334/335 体育馆／Gymnasium

① 盘锦某项目／设计：须藤幸一郎／绘制：上海写意数字图像有限公司
② 綦江区体育中心／设计：艾斯弧（杭州）建筑规划设计咨询有限公司／绘制：杭州天朗数码影像设计有限公司
③ 昆山体育中心训练馆／设计：浙江绿城建筑设计有限公司／绘制：上海赫智建筑设计有限公司

SPORTS CENTER

①

文化建筑 ╱ Cultural Architecture

336/337 体育馆 ╱ Gymnasium

① 某体育馆 ╱ 设计：吴健 ╱ 绘制：杭州天朗数码影像设计有限公司
② 蒙古某体育馆 ╱ 设计：上海江欢成建筑设计有限公司 ╱ 绘制：丝路数字视觉股份有限公司
③ 潍坊警官体能训练中心 ╱ 设计：上海现代华盖建筑设计有限公司 ╱ 绘制：上海艺酷数字科技有限公司
④ 某训练馆 ╱ 设计：江西省建筑设计研究总院 ╱ 绘制：南昌浩瀚数字科技有限公司

②

文化建筑 / Cultural Architecture

338/339 体育馆 / Gymnasium

① 瑞金体育馆 / 设计：中国瑞林工程技术有限公司 / 绘制：南昌浩瀚数字科技有限公司
② 某体育馆 / 绘制：上海卓纳建筑设计有限公司
③ 千岛湖某项目 / 绘制：杭州无影建筑设计咨询有限公司
④ 某项目 / 绘制：厦门众汇 ONE 数字科技有限公司

③

③

③

④

文化建筑 / Cultural Architecture

340/341 体育馆 / Gymnasium

林甸县体育馆 / 设计：SYN 建筑师事务所 邹迎晞 / 绘制：映像社稷（北京）数字科技有限责任公司

① 桃源某项目 / 绘制：宁波江北筑景建筑表现设计中心
② 某体育中心 / 绘制：宁波江北筑景建筑表现设计中心
③ 佛堂健身中心 / 绘制：宁波市前沿数字科技有限公司
④ 武陟体育馆 / 设计：泛华建设集团有限公司河南设计分公司 / 建筑 / 绘制：河南灵度建筑景观设计咨询有限公司

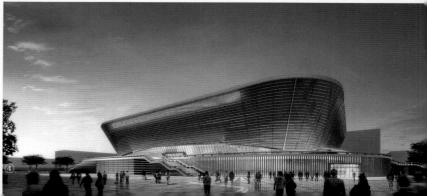

文化建筑
Cultural Architecture

学校及图书馆
School and Library

浙江音乐学院 / 设计：建学建筑与工程设计所有限公司 / 绘制：杭州天朗数码影像设计有限公司

①浙江音乐学院/设计：建学建筑与工程设计所有限公司/绘制：杭州天朗数码影像设计有限公司
②某艺术学校/设计：杭州中联筑境建筑设计有限公司/绘制：上海艺筑图文设计有限公司

①

①浙江音乐学院/设计：建学建筑与工程设计所有限公司/绘制：杭州天朗数码影像设计有限公司
②某艺术学校/设计：杭州中联筑境建筑设计有限公司/绘制：上海艺筑图文设计有限公司

①

②

①

文化建筑 / Cultural Architecture

348/349 学校及图书馆 / School and Library

① 东阳经济开发区初级中学 / 设计：建学建筑与工程设计所有限公司 / 绘制：杭州天朗数码影像设计有限公司
② 笕桥中学 / 绘制：上海艺筑图文设计有限公司

①

文化建筑 / Cultural Architecture

350/351 学校及图书馆 / School and Library

① 江西省大余中学 / 设计：清华大学建筑设计研究院许懋彦工作室 / 绘制：北京回形针图像设计有限公司
② 杨家浜小学 / 设计：建学建筑与工程设计所有限公司 / 绘制：杭州天朗数码影像设计有限公司
③ 某学校 / 设计：清华大学建筑设计研究院许懋彦工作室 / 绘制：北京回形针图像设计有限公司

文化建筑 /Cultural Architecture

352/353 学校及图书馆 /School and Library

① 昌乐实验中学 / 设计：北京世鸿科城建筑规划设计有限公司 / 绘制：北京回形针图像设计有限公司
② 天津大学新校区 / 设计：CCDI 悉地国际 / 绘制：上海艺酷数字科技有限公司
③ 顺驰小学 / 绘制：上海艺酷数字科技有限公司

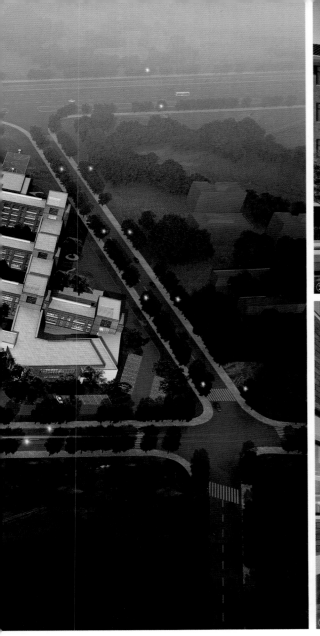

文化建筑 /**Cultural Architecture**

安徽淮南洞山中学 / 设计：上海联创建筑设计有限公司 / 绘制：上海艺酷数字科技有限公司

① 南京林业大学图书馆 / 绘制：丝路数字视觉股份有限公司
② 芬兰某项目 / 设计：MAD 建筑事务所 / 绘制：丝路数字视觉股份有限公司
③ 丽水图书馆 / 设计：浙江工业大学建筑规划设计研究院 陈立 / 绘制：杭州巨思建筑设计咨询有限公司
④ 鄂尔多斯大学 / 设计：上海中建建筑设计院有限公司 / 绘制：上海艺酷数字科技有限公司

① 浙江音乐学院 / 设计：浙江绿城六和建筑设计有限公司 / 绘制：杭州博凡数码影像设计有限公司
② 浙江音乐学院（提案）/ 设计：中国美术学院风景建筑设计研究院 / 绘制：杭州博凡数码影像设计有限公司

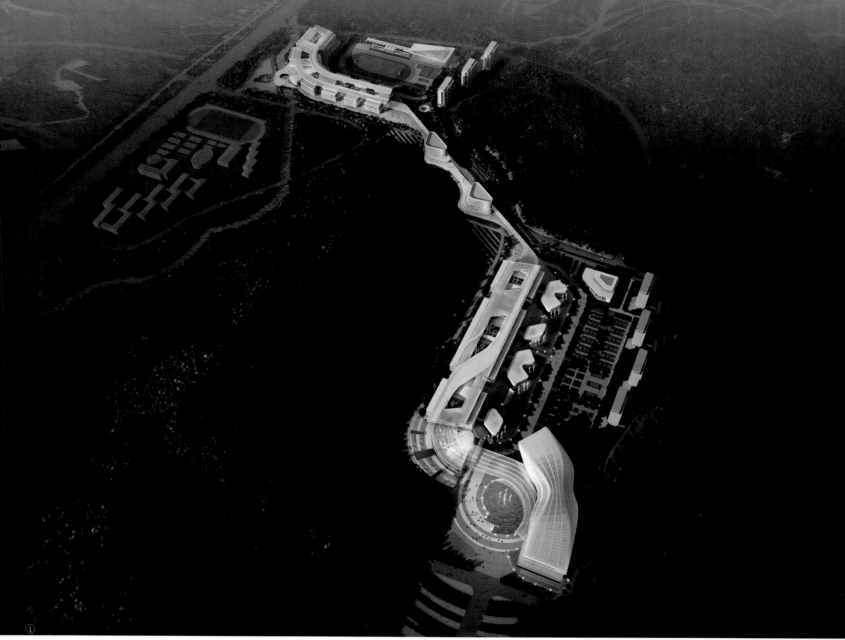

文化建筑 /Cultural Architecture

360/361 学校及图书馆 /School and Library

① 浙江音乐学院（提案）/ 设计：中国联合工程公司 / 绘制：杭州博凡数码影像设计有限公司
② 某学校 / 绘制：黑龙江省日盛图像设计有限公司
③ 某学校 / 设计：哈尔滨工业大学建筑设计研究院 / 绘制：黑龙江省日盛图像设计有限公司

李政道图书馆 / 设计：上海景贝建筑设计事务所有限公司 / 绘制：上海艺酷数字科技有限公司

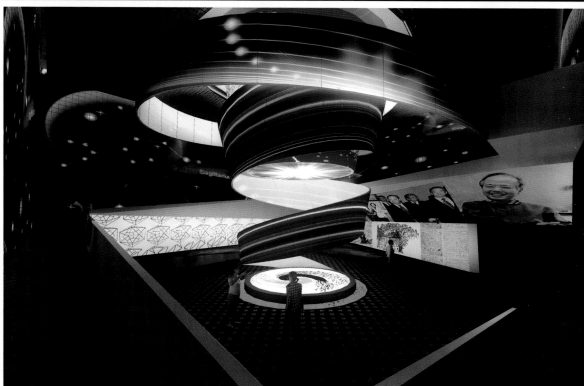

① 大连海洋大学 / 设计：上海华都建筑规划设计有限公司 / 绘制：丝路数字视觉股份有限公司
② 非洲某学校 / 设计：中信建筑设计研究总院有限公司 / 绘制：丝路数字视觉股份有限公司
③ 林甸某学校 / 设计：大庆市开发区规划建筑设计院 / 绘制：黑龙江省日盛图像设计有限公司

①

①

杭州五常中学 /设计：浙江建院建筑规划设计院 /绘制：上海翰境数码科技有限公司

① 金溪二中行政楼 / 设计：江西省建筑设计研究总院 / 绘制：南昌浩瀚数字科技有限公司
② 杭州五常中学 / 设计：浙江建院建筑规划设计院 / 绘制：上海瀚境数码科技有限公司

① 九江职业大学 / 设计：浙江大学城乡规划设计研究院 / 绘制：杭州无影建筑设计咨询有限公司
② 歙县中学 / 设计：浙江安地建筑规划设计有限公司 / 绘制：杭州弧引数字科技有限公司
③ 郑集中学本部校区 / 绘制：上海赫智建筑设计有限公司
④ 杭州第八小学 / 绘制：杭州潘多拉数字科技有限公司

文化建筑 / Cultural Architecture

374/375 学校及图书馆 / School and Library

① 浙江音乐学院 / 设计：浙江绿城建筑设计有限公司 朱培栋 / 绘制：杭州同创建筑景观设计有限公司
② 南昌大学综合实验学校 / 设计：中国瑞林工程技术有限公司 / 绘制：南昌浩瀚数字科技有限公司
③ 某社区图书馆 / 设计：同济大学建筑设计研究院 陈晶晶 / 绘制：上海大然建筑设计有限公司
④ 某图书馆 / 设计：同济大学建筑设计研究院综合设计四所 / 绘制：上海写意数字图像有限公司
⑤ 某学校 / 绘制：黑龙江省日盛图像设计有限公司

②

③

④

⑤

① 宁波东部新城某高级中学 / 设计：上海联创建筑设计有限公司 杨征 张煜 纪彦华 / 绘制：上海蓝艺建筑表现有限公司
② 某中学项目 / 绘制：上海维思数码技术有限公司
③ 重庆工商大学国际商学院 / 绘制：重庆久筑数码图像有限公司

①

①

②

①

①

文化建筑 /Cultural Architecture

378 学校及图书馆 /School and Library

① 重庆凤鸣山某幼儿园 / 设计：上海日清建筑设计有限公司 / 绘制：上海翰境数码科技有限公司
② 上海蔷薇幼儿园 / 绘制：上海维思数码技术有限公司
③ 某学校 / 设计：浙江省省直建筑设计院 / 绘制：杭州弧引数字科技有限公司

①

②

③

文化建筑
Cultural Architecture

宗教
Religion

5

某教堂 / 设计：浙江嘉华建筑设计研究院 / 绘制：江苏印象乾图数字科技有限公司

文化建筑 / Cultural Architecture

某项目 / 绘制：上海写意数字图像有限公司

①

文化建筑 / Cultural Architecture

385/385 宗教 / Religion

① 咸水寺 / 设计：石苏坡 / 绘制：杭州无影建筑设计咨询有限公司
② 某项目 / 绘制：黑龙江省日盛图像设计有限公司
③ 大福寺 / 绘制：温州焕彩文化传媒有限公司
④ 晋江紫帽山项目 / 设计：斯道沃·陆道国际设计机构 / 绘制：上海海纳建筑动画
⑤ 福建仙踪寺观世阁方案 / 绘制：上海赫智建筑设计有限公司
⑥ 某项目 / 绘制：南昌锐意装饰工程咨询有限公司
⑦ 某古建 / 设计：法国卓米诺建筑设计事务所有限公司 / 绘制：南昌锐意装饰工程咨询有限公司

②

③

④

⑤

⑥

⑦

文化建筑 / Cultural Architecture

386/387 宗教 / Religion

① 重庆华岩寺保护修复设计 / 设计：重庆大学城市规划与设计研究院 / 绘制：重庆久筑数码图像有限公司
② 宝华寺 / 设计：中国建筑设计研究院上海院五所 / 绘制：上海海纳建筑动画

安徽宣城天主教堂 / 设计：东南大学建筑设计研究院 葛明 / 绘制：丝路数字视觉股份有限公司

竞标方案表现作品集成

北京鼎天筑图建筑设计咨询中心
Beijing Dingtian Zhutu Construction Design
Consulting Center

北京鼎天筑图建筑设计咨询中心是集室内外建筑效果表现、三维建筑动画、多媒体演示等相关建筑设计为一体的专业公司。
公司以专业进取、诚信、务实的宗旨，在追求提升技术的同时更注重于服务体系的完善，吸收国内外先进的建筑理念，致力于以专业的技术和尽善尽美的服务，为客户提供终极的建筑效果表现方案。

北京回形针图像设计有限公司
Clip Image Group

北京力天华盛建筑设计咨询有限责任公司
Beijing Litian Huasheng Architecture Design and
Consulting Company, Ltd.

力天华盛是中国专业从事CG行业的高端IT产品制作及服务公司。高起点，高质量，立足于中高端客户，结合国际先进技术，打造国内外CG行业精英团队！
力天华盛与国内外高端设计院、开发商建立了长期协作关系，与国内外知名设计师建立了战略性合作关系。在与建筑师、规划师、房地产开发商的合作中，积累了丰富的经验。在尊重设计理念的前提下，准确表达和理解设计构想。同时，还可以协助客户完善方案，创作出更优秀的作品。现今行业的发展，带给我们众多挑战的同时，也赋予我们更多的动力和机遇。在公司未来的运营中，我们将以更先进的服务理念与经营模式，为更多杰出的设计师、设计公司，提供更加全面及完善的服务。
力天华盛以行业内高级专业设计制作人员为骨干，以数字图像为核心，在效果图、三维动画、多媒体推广宣传、虚拟现实、影视前后期、互动程序开发、互联网设计制作等多方面技术领域，为不同行业的客户提供产品和服务。
"虚心"，认真汲取客户的每一个建议，视客户的支持为自己进步的依据。
"诚心"，以客户的需求为己任，全心全意为客户服务。
"信心"，使我们能做得更好，来源于对技术及服务发展的不懈追求。
展望未来，力天华盛将以CG产业相关行业为新动力，和中国的经济一起发展，为中国的CG产业进步做出新的贡献。

北京蓝竹数字科技有限公司
Beijing Lanzone Digital Technology Co., Ltd.

北京蓝竹数字科技有限公司是一家专门从事三维视觉表现技术应用及开发的服务公司。主要业务有三维动画制作、多媒体技术应用、虚拟现实开发、建筑表现及影视制作等。蓝竹在三维视觉表现、建筑表现等领域不断发展创新，在工作中，我们希望通过不懈的技术追求、独特的创新理念，制作出更成熟、更完善的艺术作品。服务于客户，服务于社会。

西林造景（北京）咨询服务有限公司
Beijing Westjungle Counseling Co., Ltd.

西林造景（北京）咨询服务有限公司是一家建筑效果图制作的专业公司，自成立以来，立足于国内建筑效果图市场，有着深厚的业界背景和众多大型投标项目的经验。在与众多家设计单位的合作中获得良好口碑。
公司正处于高速、稳定的发展阶段，西林造景诚邀各类人才加盟，共创中国CG行业的美好未来！

北京远古数字科技有限公司
Beijing Yuangu Digital Technology Co., Ltd.

北京远古数字科技有限公司长期致力于电脑技术在视觉艺术领域的应用和开发，并希望通过公司所积累的众多大型、综合性的成功案例，为客户不断提供富于实践经验和创新精神的视觉解决方案。
远古不仅在于达成实际的商业目标，更希望通过技术与创意的结合实现作品的完美表现。主要业务包括建筑渲染、三维动画制作及多媒体技术的应用。
远古数字科技有限公司的工作人员均为具备多年建筑表现领域及艺术设计领域工作经验的CG设计师。

北京艺盛诚数字科技有限公司
Beijing Yi Sheng Cheng Digital Technology Co.,
Ltd.

北京艺盛诚数字科技有限公司是一家专业致力于建筑、景观，照明、城市规划的效果图和动画、多媒体制作的公司，由业内精英组成的制作团队，长期以来与中船设计院、清华设计院、清华建筑学院、清华规划设计院等知名设计院合作，积累了丰富的制作经验，本着服务至上、质量第一的服务宗旨，不断学习、探索，为客户提供更加优质的作品。

映像社稷（北京）数字科技有限责任公司
Image Realm(Beijing) Digital Production &
Technology Co., Ltd.

经过多年的风吹雨打，体验了建筑表现的酸甜苦辣，我们坚信雨后彩虹只属于坚持不懈者，我们用多年的沉淀和积累，在建筑表现的道路上努力前行，只为将其打造成为业内精英团队。

公司拥有相当比例的建筑学人才、美术学人才，为建筑设计提供从表现图到三维动画等多种辅助设计专业展示手段；以专业化的管理，为求达到客户的满意，我们不断追求完美。

我们本着"态度，创新，积极，主动"的信念，面对未来的机遇与挑战，并将扩大价值、完善技术产品服务、推动数字科技行业发展作为我们的奋斗目标，在建筑数字科技领域的舞台上与您一起尽情演绎属于自己的江山社稷。

天津瀚梵文化传播有限公司
Tianjin Henvan Graphics Design Office

天津瀚梵是一家建筑设计、景观园林设计、平面设计、演出活动策划的文化传播有限公司。

我们在多年运营中积累了丰富的经验，并获得成就，这里汇聚了国内外优秀的设计师及美术师。从全国重要建筑案例到重点设计展览都能看到瀚梵的身影。公司旨在对项目作出迅速反应，实现方案的跨平台呈现，同时坚持严格的行业准则，从而为客户提供最优秀的项目解决方案和专业建议。

本着专业、创新、品质、服务的经营理念，以精诚团结，诚信双赢为宗旨，从细微处入手，从客户利益着眼，全面而周到地满足客户需要；我们将以真诚的服务、良好的产品品质来回馈客户。

天津硯宸科技有限公司
Inking

天津硯宸科技有限公司成立于 2012 年 8 月，是一家专业的数字产品制作公司。公司主要服务于各设计单位，提供数字产品的制作服务。公司以"提高自我，服务客户"为中心价值，希望我们的专业水平和不懈努力能够使设计师更好地表达出自己的设计意图，更好地传递设计理念。

我们的员工在这个领域里都有着多年的工作经验，先后制作过上海世博会场馆、泰安道、东丽湖、于家堡、响螺湾、天津东站和西站、北塘、五大道历史风貌改造等重点项目，曾经与万科、金地、恒大、中粮、五矿、保利等地产公司有过良好的合作，并给甲方留下了深刻的印象。

上海奥义影像有限公司
Shanghai Aoyi Image Co., Ltd.

上海奥义影像有限公司成立于 2005 年，专业从事室内外高品质表现图、建筑三维动画、多媒体、虚拟现实、企业宣传片的高科技公司。团队核心均来自业内资深人士，具有丰富的专业知识和敬业精神，期望以高品质的作品，努力打造成业内知名品牌。

本公司在行业内一直处于领先地位，多年来一直为国内外知名的设计院、设计公司及房产开发商提供专业的技术服务；协助客户在激烈的竞争中胜出中标，并得到了业界的广泛好评；做到了质量、服务与价格的完美平衡，在政府、企业和专业设计师行业中都备受瞩目。

上海创昊艺术设计有限公司
Shanghai Chuang Hao Art Design Co., Ltd.

上海创昊艺术设计有限公司是一家集房产动画、建筑表现图、多媒体制作为一体的专业化的 CG 表现公司。本公司为众多商业客户和同行提供优秀高端的动画制作。作为中国专业从事三维动画的制作公司，我们有专门的技术研发小组，完整的制作流水线和强大的制作团队，保证作品在技术和艺术上都能不断的提高。同时也是目前中国最年轻最具活力的 CG 制作实体之一。

今天，上海创昊艺术设计团队正在以"专业化、规模化、标准化、国际化"为发展导向，汇聚一流的精英，依靠思想和技术创新，不断地为新老客户提供更专业的作品和全新的宣传理念是我们始终不断的追求。我们一贯的宗旨是"立足CG产业发展、打造优质品牌"。

上海大然建筑设计有限公司
Shanghai Daran Architecture Design Co., Ltd.

上海大然建筑设计有限公司是以建筑效果图及动画制作为主的专业单位。公司由多名业内精英联合组建，富有多年的专业制作经验，具备很强的设计和图面表达能力，能够为客户提供最优质的服务。

公司以高质量、高效率、高服务、低价格为宗旨，以满足广大设计师的要求为目标。

上海翰境数码科技有限公司
Shanghai Hanjing Digital & Technology Co., Ltd.

上海翰境数码科技有限公司（简称翰境科技）是注册于上海科技园区内的高新技术企业。公司主要从事建筑表现图、动画、3D 立体电影以及虚拟现实等专业技能，致力于为企业和个人客户展现形式丰富多彩、富于震撼力和感染力的视觉效果。

公司的成员来自于各大美术院校、建筑院校，有较为丰富的专业知识和过硬的专业技能，可以从效果图表现上为您提供优良服务。让设计师在短时间内对自己的设计作品有一个较为直观的感受，从美学角度与建筑师共同协商，使其作品臻于完美。

上海海纳建筑动画
High Nicety Architectural Rendering

上海海纳建筑动画于 2004 年在上海成立，是一家专业从事建筑表现、多媒体、三维动画的公司。公司拥有一支由建筑学专业、影视专业和美术专业人员组成的专业工作团队。

上海赫智建筑设计有限公司
Shanghai Hertz Architectural Design Co., Ltd.

上海赫智建筑设计有限公司创立于 2005 年，由多家公司的核心人物组成，一直致力于建筑设计、建筑表现、三维动画、多媒体展示等方面的制作。创立以来，在业界受到广泛赞誉，与众多设计单位、房地产商、代理公司保持着长期和紧密的合作关系。在上海赫智，宽松愉悦的工作氛围为每一位员工提供挥洒才情的舞台，公司鼓励员工张扬充满激情的创意，在满足客户要求的基础之上，我们希望每一个项目都能突破传统，以清新的生命气息，以宽阔的观察视野，发挥自己的灵感与特长。

上海蓝典环境艺术设计有限公司
Shanghai Landian Environmental Art Design Co., Ltd.

上海蓝典环境艺术设计有限公司成立于 2001 年，服务涵盖城市设计、景观设计、公共建筑设计、居住区规划与居住建筑设计、室内设计的动画、多媒体及效果表现图制作。上海蓝典与中国建筑设计事业的发展共同成长，在蓬勃的市场潮流中，坚守着品质发展的方向。努力寻求对于城市空间和建筑产品的恰当处理，通过对设计的艺术表现创造整合体现出设计价值的最优化。上海蓝典立足于对国内本土文化和现状的深刻理解，并秉持先进的国际化服务理念，面对日益国际化的设计及表现制作市场，除和国内知名建筑设计院团和房地产集团公司长期合作外，以开放积极的态度面向国际合作，与多家知名的国际设计事务所立了战略合作关系，不断提高整体职业化及国际化水平，并已经创建了国际化服务的优质平台。

上海蓝艺建筑表现有限公司
Shanghai Lanyi Architecture Visualization Co., Ltd.

上海蓝艺建筑表现有限公司成立于 2002 年 8 月，原名上海学青伟艺建筑画，是一家主要从事室内外建筑表现、三维动画、多媒体演示、文本制作的专业公司。作为一家专业的三维图像公司，我们有着经验丰富的建筑学、美术、计算机专业的员工为您服务，我们为的是与您达到良好的沟通，更加有力地表现您的设计与想法。我们公司有着完善的工作流程为您服务，保证整个项目的每个流程都有人负责保证质量，从而使整个项目可以顺利完成。

我们始终专注于建筑表现，我们希望自己更专业，对于服务、管理、企业文化的建设，我们希望自己更加成熟和完美。蓝艺将以客户的成功为己任，并将竭诚为您服务。

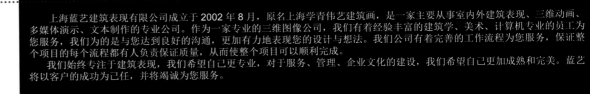

上海曼延数字科技有限公司
Shanghai Manyan Digital Technology Co., Ltd.

上海曼延数码科技有限公司成立于 2007 年，专业致力于数码技术在视觉领域的应用。公司主要业务包括：建筑渲染、建筑动画、虚拟现实、多媒体演示设计等方面。

自成立以来，公司员工在本着坚持原创性和独特性的原则基础上充分发挥自我个性，始终秉持着以客户需求为核心，用优质周到的服务赢得了众多企业的信赖和好评，并一直保持着良好的合作关系。

在科技飞速发展的时代，我公司定会更加努力，通过全面质量管理和对每一件工作的持续完善，力求做到让顾客完全满意的产品及服务。

上海融筑数字科技有限公司
Shanghai Rongzhu Digital Technology Co., Ltd.

上海融筑数字科技有限公司是一家专业从事建筑室内外表现设计、三维动画、多媒体技术等相关数码设计为一体的公司。主要业务涉及城市规划建设、建筑表现、企业文化传播、工业产品、影视广告、多媒体互动等方面。

融筑拥有一支具有团队意识、高素质、高效率的管理队伍和制作团队。

融筑秉承着精益求精，追求精品，创造未来，致力于发展成为行业领先、独树一帜的创意型设计公司。

我们的团队

专业的团队——专业化的起点、业内知名公司大项目的运作经验、永无止境的技术创新，造就一大批技术精英、业界先锋。

学习的团队——专业培训，内部技术论坛，员工技术交流，与客户、同行和高校的互动……融筑创造各种条件，为员工营造学习的氛围，让学习成为习惯。

进取的团队——广阔的发展空间与科学的激励机制，催生拼搏与进取，锻造出个人的成长与集体的成功。

快乐的团队——融筑人坚信，实现完美的作品，是责任和承诺，也是享受和快乐：享受过程与结果的快乐。

我们愿与我们的朋友、我们的合作伙伴一起成长，一起分享，一起见证未来！

上海千暮数码科技有限公司
Shanghai Qianmu Digital Technology Co., Ltd.

上海千暮数码科技有限公司 2008 年成立，公司的核心业务是三维可视化的开发和应用服务，涉及的技术领域涵盖效果图、3D 动画、多媒体、在线三维展示等多专业，满足不同领域、不同行业、不同场合客户需求。公司本着源自设计、服务客户、精心制作、准确表达为根本的原则，在与国内外知名的设计院、房产商、设计事务所等的合作中积累了丰富的经验并提供了良好的服务。

上海日朗思图建筑设计咨询有限公司
Shanghai Rilang Situ Architecture Design Consulting Co., Ltd.

我们越是清楚地认识未来，就越能塑造一种生动而丰富、合乎心意的未来。

二十余个国内外著名设计团队精心合作，以理性的思维、科学的态度、人文的精神，借鉴成熟的经验，有意识地设计着新的未来。

"为客户创造价值"是公司的核心价值观，通过积极沟通、紧密合作的服务方式，同时不断发展和应用新技术，实现持续不断地为客户创造更大价值的目标，与客户共创美好的未来。

上海 LIGHT CG 数码科技有限公司
Shanghai Light CG

上海 LIGHT CG 数码科技有限公司目前是上海地区较有影响力的电脑三维图像制作机构之一。良好的公司文化、先进的管理理念和稳步的业务拓展，使公司成功地与大的房地产公司、建筑设计院、国外有名的建筑设计公司进行合作。

公司是一家专门制作电脑三维图像表现、三维动画、虚拟现实、多媒体演示、建筑辅助设计等制作服务。公司一直追求通过最新的技术和创意为客户提供最优秀的视觉表现与服务。

公司一直秉承"以人才和技术为基础，创造最佳产品和服务"的企业宗旨，以认真主动的服务与不断的创新的产品，帮助客户获得成功！

上海维思数码技术有限公司
Shanghai Viss Digital Technology Co., Ltd.

上海维思数码技术有限公司成立于 2004 年 8 月，目前在江苏昆山和江西上饶设有分部，拥有大批优秀的建筑学、美术、室内设计和广告设计人才，分工明确、配合默契。在创作表现过程中与建筑师积极配合并提出适当的建议，严格做好每一环节，以期达到设计与表现的完美结合。

理念——高效工作，快乐生活。

互动性管理理念，高效的工作是快乐生活之源，生活也因我们的精心创造而快乐！

业务范围：建筑设计、三维动画、多媒体、建筑室内外表现、广告设计。

艺术创作源于生活、对建筑的热忱、与建筑师心灵的沟通。感谢尊贵的客户对我们的支持与理解，感谢辛勤耕耘的公司同人，并期待具有合作精神的精英加盟。

SHINING

上海写意数字图像有限公司
Shanghai Shining Concept Computer Graphics

写意数字图像，1998 年成立于中国上海，是一家领先的数字展示方案提供商，致力于用专业标准为您提供从策划、创意、设计到制作的全方位数字视觉服务，帮助您有效接近并最终达到目标。写意不仅为您提供世界领先水平的数字化产品及服务，更具备提供尖端视觉载体的综合能力。15 年的经验和技术积累，汇集了国内顶尖专业人才和强劲的技术研发能力。

旗下共设集团总部、武宁、同济、南宁、虹桥和北海 6 个国内全资子公司，写意独有的顾问式服务流程，满足了不同区域合作伙伴的需求，在政府、地产、企业和专业设计师领域中都备受瞩目。

上海艺道
Shanghai Yidao

上海艺道是专业从事建筑、景观效果图、三维动画、多媒体演示等专业公司。

上海亚凡建筑图文设计有限公司
Shanghai Yafan Computer Craphics Design Co., Ltd.

上海亚凡建筑图文设计有限公司成立于 2004 年，是一家专注于建筑效果图表现、多媒体制作、建筑动画、数字楼盘、虚拟现实、建筑与景观辅助设计咨询的专业化公司。公司凭借务实与高效率、团结与协作，在技术上充分展现我们的优势，不断提升团队的服务与质量，更加专注服务于建筑设计和地产开发领域。

公司拥有建筑学、城市规划学、环境艺术、艺术设计、计算机等专业的优秀员工。由他们组成的工作团队，为您提供更加专业和细心的服务，我们对建筑表现及园艺景观、建筑空间、城市规划等有着深刻的理解，从而准确、真实地表达出客户的设计意图和产品价值。我们鼓励团队成员积极创新、相互配合、营造更加宽松、自由的交流空间和工作环境。

亚凡自成立以来，以优秀的技术、先进的管理和制作流程赢得了国内、国际众多知名设计单位及房产商，如上海日清设计公司、上海天华设计公司、加拿大 CPC 设计公司、加拿大朗基设计公司、美国 PJAI 设计公司、美国 STOA 设计公司、水石国际（W&R）、HMD 设计公司、英国阿特金斯设计公司、中建国际、荷兰 NITA 设计公司、上海现代院、上海三益设计公司、万科房产集团、保利集团、绿地集团、金地集团、龙湖地产、大华集团、华发房产华润集团、中海地产、嘉宝房产公司等（排名不分先后）的信任，并与其建立了长期稳定的合作关系。

公司立足以质量为本、以服务赢得市场的经营宗旨，致力于为您解决数字表现的一切难题，为您赢得客户的肯定和信任而不断努力。

上海艺酷数字科技有限公司

Shanghai E-cool Digital Technology Co., Ltd.

　　上海艺酷数字科技有限公司成立于2008年，专业从事建筑室内外表现图、动画、多媒体、地产视觉包装以及数字场馆的全程影像制作等服务。公司地处市中心，办公环境一流，现有一线技术员工100余人，客户对象为国内一线品牌地产商和全球范围的优秀设计机构。我们的团队由建筑学、环境艺术、城市规划、计算机应用、平面设计等专业的优秀设计人才及其他专业的高材生组成，是一支多元化的设计团队，对数字产品有独到的理解，并在参与多项大型国际项目中积累了丰富的经验。在2010年上海世博会、上海中心、天津生态城、上海大悦城、万达商场、嘉裕酒店等大型项目的制作中，我们的产品完美地传达了设计师的设计成果，使现实成果更好、更早地体现出来！

上海一石数码科技有限公司

One Stone Digital Technology Co., Ltd.

　　企业形象：追求卓越，争创一流。
　　一石数码产业集团，以上海一石数码科技有限公司为依托，以环同济设计产业带为着眼点，从2008年起，先后兼并整合同产业有关公司近十多家，总部坐落于上海。公司经过多年努力，在南京、成都、合肥等地设有分部，目前拥有员工100多名，已经形成较高的市场占有率和良好的品牌形象，着力于为客户提供全套的展览展示、工程施工、3D电影、动漫设计、虚拟现实、视觉表现等一体化服务。
　　企业文化：勇于创新 敢于实践
　　公司在董事长杨为林的带领下，以人为本、求真务实、团结奋进、变革创新，多年以来凭借着独特的艺术视角、卓越的专业技能，赢得了业界良好的口碑和赞誉，不仅紧抓项目质量，也注重每一位员工的身心健康，大力组织员工学习培训，参与户外活动和娱乐节目来增强团队力量，促进团队间的默契与协调性，从而塑造出一支高效率和强凝聚力的专业团队。

上海艺原数码科技有限公司

Shanghai Yiyuan Digital & Technology Co., Ltd.

　　上海艺原数码科技有限公司创建于2007年5月，公司坐落于杨浦区（总部同济大学旁边）和普陀区（分部武宁路曹杨路口）。公司由知名的业界精英组成，主要致力于建筑表现及动画、多媒体制作。能够更完美表达建筑的艺术性是我公司一直所追求的标准，并在业界享有良好的声誉及很高的评价。
　　公司具有强大的专业和技术背景、丰富的学术和技术资源库、反应迅速与配合默契的项目运作方式。多年来，随着业务拓展需要，公司不断发展壮大，公司办公环境舒适，工作体制更加完善。公司的主要客户为国内外优秀的设计机构，如上海同济建筑设计研究院、上海创盟国际建筑设计有限公司、中国海诚科技工程设计有限公司、凯德置地（杭州）分部、（绿城集团）上海建筑分公司等。公司追求完美的服务，用心聆听客户的需求，顺应市场的变化，为客户提供全面准确的技术支持，与客户共同创造时代建筑的精品，为多个城市留下了值得称赞的作品，多次获得各种奖项。公司的运营注重创造性的设计文化、全方位的良好服务、严谨的职业精神，为当地建筑产业注入创意与活力。

E-mail:archrender@126.com/021-65015536

上海艺筑图文设计有限公司

Shanghai Yizhu Architecture Rendering Co., Ltd.

　　艺筑图文设计有限公司是一家从事建筑表现、三维动画、多媒体演示及宣传策划的专业设计公司，其中建筑表现是我公司在行业领域中的一项专长。我们拥有一批致力于建筑学、室内外设计和美术专业人才，对于设计理念和表现手法，有着独到的理解和多年丰富的经验。 我们公司倡导独立的个性和主观潜质的积极发挥，力求建筑视觉和审美艺术的完美结合。正是基于对建筑设计师意图的精确诠释及设计理念的深刻认识和独树一帜的设计风格，我们才能在与同行的竞争中脱颖而出。
　　公司自创立以来，迅猛发展，也随着公司的不断开拓和完善，先后成立了模型设计部、渲染部、后期部、动画部、市场部、人力资源部、财务部、业绩考核中心等部门，科学的分工、系统的管理、优越的福利待遇、浓郁的企业文化为员工提供了一个良好的发展平台。同时优质的服务和出色的业绩让我们与多家知名建筑设计公司建立了长期的友好合作关系。公司始终以"质量、效率、诚信、服务"为宗旨，贯彻"以人为本、追求卓越、精益求精"的经营理念，以最大限度满足客户需要为目标，不断创作出更多、更优秀、更有个性的作品。

深圳市方圆筑影数字科技有限公司

Shenzhen Fangyuan-zhuying Digital Image Technologies Co., Ltd.

　　深圳市方圆筑影数字科技有限公司成立于2010年，公司设立建筑和规划表现部、3D动画制作部、多媒体网络技术开发、平面设计部、市场部等部门。主要制作建筑表现图、规划类表现动画、房地产楼盘宣传动画、政府招商宣传片、企业宣传多媒体、网站的开发设计制作等。我们追求精品制作、创新探求、艺术发挥。 在深圳，我们曾服务过众多房地产开发商和设计院等单位，通过我们兢兢业业的努力和出众的作品，获得了客户的一致好评。

深圳市华影图像设计有限公司

Shenzhen Huaying Graphics Design Co., Ltd.

　　深圳市华影图像设计有限公司是一家从事建筑表现、多媒体演示以及多维动画专业设计的公司。
　　建筑表现是公司在行业领域里的一项专长，我们的事业在于全身心地投入每一个项目，用精湛的技术和超群的实力征服市场挑剔的目光，为客户带来更高利益。坚持"专业化、规范化、市场化、国际化"的发展道路，继续与庞大而优秀的客户群体一起，创造更多的辉煌！

深圳市华志数码科技有限公司

Shenzhen Hazard Digital Technology Co., Ltd.

　　深圳市华志数码科技有限公司是深圳电脑图形创作最优秀的公司之一。公司2007年始创，一直致力于计算机图像技术在商业领域的深入开发和应用，并在近几年参与过的大多数重点建设项目的虚拟三维制作工作中，积累了数以千计的城市建筑三维模型及数据。 为加快公司发展于2012年正式更名为华志数码。
　　在基于设计和工程领域的数字媒体行业中，华志数码一直致力于计算机图像的技术在商业领域的深入开发和应用，并希望通过积累的众多大型、综合性的成功案例，为客户不断提供富于实践经验和创新精神的视觉解决方案。
　　华志数码核心业务是用数字图像表现无法用传统方式描述的景象，其主要业务由平面图像、三维动画、多媒体和网络技术开发VRCity（虚拟数字城市）系列软件平台组成；无论是未来的远景规划和项目展示，或工业产品的虚拟三维制作，还是对历史场景画面的再现，华志数码技术及创意团队均可通过数字电影和多媒体等方式实现。
　　华志数码主要客户来自政府规划设计部门、建筑设计公司以及房地产开发商。

丝路数字视觉股份有限公司
Silkroad Digital Visual Limited By Share Ltd

丝路数字视觉股份有限公司（以下简称"丝路"）成立于 2000 年 3 月，至今已有 13 年历史，目前有员工 1500 余人，总部在深圳，另外在国内重要的一、二线城市设有 10 家分公司、3 个教育机构和两个海外办事处。主营展览展示综合解决方案总承包、影视动画制作、建筑设计可视化、数字城市、CG 游戏、CG 教育培训六大事业板块。

丝路秉持"态度，创新，快乐，分享"的企业理念，秉承多年的市场经验，发挥 CG 技术的优势，致力于中国数字视觉展示的创新事业。12 年的 CG 行业经验，奠定了扎实的 CG 专业素质；精益求精，严于律己的企业品格，铸就了从无重复、难被模仿的品牌优势；勇于创新、敢为人先的实际行动，成就了站在行业前列的历史事实；客户的认可和竞争对手的尊重成为丝路人快乐和自豪的源泉；全方位分享，持续学习和改进，成为丝路人积极向上的保证。

深圳市水木数码影像科技有限公司
Shenzhen Shuimu Digital Image Technology
Co., Ltd.

深圳市水木数码影像科技有限公司成立于 2002 年 6 月，现有员工 50 余人。公司主要技术成员均由建筑学、美术、计算机专业人士组成，在业界取得了显著的成绩，得到了广大客户的称赞和同行的认可。

公司主要经营范围：建筑室内外效果图、建筑多媒体电子标书、建筑动画及虚拟现实等。

公司主要服务对象：海内外各房地产商、建筑设计院、环境园林设计单位和各建筑设计师事务所。

公司宗旨：致力于为广大客户提供最优秀和完美的视觉视频和图像，最大限度展示客户的设计理念，"您的成功和获胜就是我们的成功"。

深圳市图腾广告有限公司
Shenzhen Project Totem Digital Technology Co.,
Ltd.

深圳市图腾广告有限公司是一家提供建筑设计及表现、房地产三维动画广告、多媒体演示、网络平台设计及制作等一站式服务的专业公司，拥有丰富的经验和来自建筑学专业、环境艺术专业和广告设计领域的优秀人才，致力于数字影像技术在不同专业领域里的应用。

公司在建筑领域主要服务于建筑设计、城市规划、环境设计以及房地产开发单位，提供设计辅助、设计方案表现、设计方案包装以及方案表达整体策划等服务，以大量实践经验、不断创新的精神和优质的服务在业内树立了良好的口碑和不断发展的基础。

公司以创建"图腾计划"品牌为宗旨，注重自身风格特色的培养、保持和提高，力求专业制作水平保持行业领先。通过不懈努力与追求，在社会各界帮助指导下，已创建了自己独树一帜的品牌。公司先后制作出一批极具影响力的建筑表现作品，与国内外数十家设计公司及地产商、策划公司保持默契合作关系，吸纳每一位设计师的超前设计理念和每一位开发商、策划师的非凡创意，从而使"图腾计划"在每一个项目中都能为甲方制作出优质的、满意的宣传作品，充分表达出每位设计师的新奇构思和地产商的宏图伟业。

深圳市宜百利艺术设计有限公司
Shenzhen Yibaili Design Co., Ltd.

公司成立 8 年来依靠一个团结、肯干的团队，始终坚持以先进的设计理念和优质的服务立足深圳，并致力与业内同人、房地产开发商、投资机构进行合作，携手共进，共绘美好蓝图！

深圳市原创力数码影像设计有限公司
Shenzhen Synergy Digital Media Design Co.,
Ltd.

深圳市原创力数码影像设计有限公司始创于 2004 年，公司一直以"诚信、专业"为经营之本，不断完善自我，汇聚了一群充满活力、敬业勤勉的行业优秀人才，以良好的专业素质和严谨的工作作风赢得了众多设计师的信任。制作领域着重于建筑表现、多媒体、动画制作等。

我们坚持以客户需求为导向，打造与客户流畅的交流互动平台。多年来，我们的设计工作不论从创意、风格、报价，还是后期服务均得到客户的认可，具有良好的口碑和信誉。

深圳市艺慧数字影像有限公司
Shenzhen Eafie Digital Image Co., Ltd.

为创造 CG 行业美好未来而不懈努力的艺慧公司是深圳最大的 3D 数字图像企业之一。公司的主要业务包括建筑图像、地产动画、多媒体宣传片、数字化虚拟城市等，为政府、房地产公司、广告策划公司、建筑及规划设计院等不同领域、不同行业的客户提供策划方案和三维数字图像一体化服务。

艺慧始创于 2001 年 8 月，2010 年正式更名为深圳市艺慧数字影像有限公司，目前员工 150 余人，总部位于深圳福田区，在深圳南山区、保税区、华侨城、深大、广州及辽宁大连设有分支机构。多年来，凭借精湛的专业技术、科学的分工、系统的管理和高品质的服务打造了备受关注的艺慧品牌。先后完成了 2011 年深圳大运会场馆、深圳火车站、上海世博会等众多大型知名国际投标项目的数字图像服务，专业技术能力得到客户广泛认可。

质量第一、服务第一是艺慧永远追求的目标。

广州弘艺数码科技有限公司
Guangzhou Hongyi Digital Technology Co., Ltd.

弘艺数字主要提供数字视觉创意服务，数字平台开发创作和制作服务，业务涵盖了影视动画、多媒体展示与陈列、建筑可视化、数字城市、虚拟仿真等多个专业领域，同时公司为展览展示提供基于交换产品的创意、研发和实施的整体解决方案，是一家以高科技产业为依托、以数字视觉技术为核心、以文化产业为背景的综合服务型国际化企业。

公司成立至今，一直贯彻"以诚信求生存，以专业谋发展"的经营理念，公司有着科学的工作流程、严谨的工作态度、亲切的服务和优质的产品，对客户的每一项细微要求，我们都力求使其完美。以"高效工作，真诚服务，毫无怨言，优质服务"为宗旨，致力打造为一家服务以及质量都可令客户高枕无忧的"高、真、无、优"的现代化数码科技公司。

"弘诚信之本，艺精益求精"是公司对客户的承诺。

广州千信电脑图像设计有限公司
Guangzhou Qianxin Image Design Co., Ltd.

千信图像，是一家专业制作建筑效果图和多媒体设计的公司，有着专业的设计制作知识、丰富的工作经验和表达能力。公司拥有一支业内资深的精英团队，员工们均有着多年的从业经验。

我们追求优秀的产品质量、卓越的企业信誉和顽强的企业队伍，不断探索技术与艺术的结合，力求为客户提供一流的服务品质。

广州志盛数码科技有限公司
Guangzhou Zhisheng Digital & Technology Co., Ltd.

广州志盛设计咨询有限公司成立于 2005 年 5 月，其主要业务为建筑效果图、三维动画制作、平面图像设计、多媒体网络技术开发、虚拟现实以及建筑方案咨询等。经过多年的发展，我们已经成为全国最专业的数码图像设计公司之一。我们拥有锐意创新、追求完美和富有合作精神的专业技术团队。作为一家专业的公司，我们的工作是通过我们的技术与头脑帮助客户完成项目，在通过技术实现自我超越的同时也实现了产品的实际价值。

公司下设技术研发、三维动画、多媒体技术、三维效果图、人力资源、市场开发、行政等部门。各部门整体快速运作，合作紧密，以最快的速度为客户提供最优质的服务。

我们的宗旨是：态度决定一切。

我们始终保持着对建筑设计的热爱与关注，以专业的眼光和鉴赏的眼光积极与建筑师进行配合和沟通。

公司在追求技术提高的同时更注重服务体系的完善，力求将完美的数码产品呈现给客户，在发展中追求完善，追求卓越。

成都丰尚图像设计有限公司
Chengdou Fengsun Image Design Co., Ltd.

成都丰尚图像设计有限公司成立于 2009 年初，长期致力于建筑设计行业 3D 技术支持，服务于各建筑设计单位的建筑表现、动漫等相关工作。我们是一支年轻的团队，我们怀揣着对未来的憧憬和对人生目标的追求，激情上进。公司怀抱慎重严谨的心态，一步一个脚印踏实地走来，每一步都建立在技术进步和客户满意的双重基础上。在两年多的奋斗中，团队得到行业的认可。公司一直坚持"以人为本，科技领先，质量第一，争创品牌"的发展方针，以"最具价值的作品，最优秀的服务"，竭诚与各界携手，共创未来。

成都成华区美立方平面设计服务工作室
Chengdu Chenghua MLF Graphic Designer Studio

美立方图像是一家致力于数字科技的文化创意机构，主营内容包括建筑效果图、建筑动画、建筑多媒体。

成都市亿点数码艺术设计有限公司
Chengdu Yi Dian Computer Art Design Co., Ltd.

亿点（原成都龙影数码艺术设计有限公司）在 2006 年成立之初就确定了"精品制作、创新探求、艺术发挥"的经营理念。亿点公司拥有一支专业的制作团队和一流的制作系统，汇集了一批建筑、美术、创意精英。不仅可以从专业的角度再现设计方案，更可通过实践经验深化和细化各项目，为具体项目找到切实可行的表现形式，以吻合产品设计意图和市场定位。三年来，凭借我们的勤奋与努力、务实与高效、始终如一地注意质量、效率和服务，更加专注地服务于中国建筑发展与房地产开发设计领域，现已发展成为较具实力的数字科技应用公司。

亿点将以"态度、创新、积极、主动"的企业信念面对未来的机遇与挑战，并将扩大企业品牌价值、完善技术产品服务、提升客户竞争价值和为推动数字科技行业发展作为我们的目标，在数字科技领域的舞台上尽情演绎属于亿点的传奇！

重庆城境图文设计有限公司
Chongqing Chengjing Graphics Design Co., Ltd.

重庆城境图文设计有限公司创立于 2002 年，在社会各界朋友的支持和帮助下，经全体员工近十年的自强不息、努力拼搏，使公司不断发展壮大。重庆城境图文设计有限公司是一家一直专注于建筑室内外效果图、园林景观、三维动画及多媒体演示的专业服务公司。

巨蟹数码影像/文化传媒（播）
动画 | 图瀹 | 展陈 | 互动 | 影视 | 摄影

重庆巨蟹数码影像有限公司
King CRAB

巨蟹公司成立于 2001 年，12 年以来，公司汇集国内顶端数字技术人才，拥有稳定的专业精英团队 200 余人，现已成为国内领先的数字媒体机构以及西南最具实力的专业数字媒体表现综合应用企业。目前，以重庆总部基地为中心，相继在成都、贵阳、沙坪坝、大坪、郑州、美国、加拿大等地设立多个数字综合服务基地与办事处机构，合作伙伴遍布全球 10 多个国家和地区，在海内外拥有广泛的影响力和好的行业口碑。

巨蟹作为国家创意文化产业重点企业，我们积极推进人员培养及社会责任，加强校企合作，与成都电子科技大学、重庆工业学院等大专院校合作成立了巨蟹定向班；同时，巨蟹荣任重庆市创意产业商会副会长单位，重庆市展览展示和数字影像专业委员会主任单位，巨蟹企业及代表人入选重庆市工商联优秀会员单位；同时，由巨蟹年轻的艺术家与社会知名艺术家成立了"巨蟹新媒体艺术家工作室"；巨蟹也正在加快建设由国内外顶级艺术家组成、具备国际一流水准的大师级团队；巨蟹优秀事迹也由《重庆时报》、《重庆晨报》、《中华工商时报》、成都经济广播频道等媒体进行了报道。

巨蟹数字媒体服务业务涵盖 3D 立体电影、三维动画、数字图像、互动展示和陈列、影视广告、商业摄影、虚拟仿真、影视特效等领域，形成完整的数字媒体产业链，与全球各行业客户形成紧密深度合作。我们以此为平台，为客户提供综合数字媒体技术服务；在数字媒体展览展示项目建设上，巨蟹以强有力的数字技术实力，为客户创造更高价值，并在如国家电网、金融街控股等展馆设计与建设中取得重大成功，得到众多客户认同和赞誉，成为如中国规划院、西南设计院、重庆市设计院、重庆市规划院、基准方中、筑博、华筑、英国 PRP、日本久米、国家电网、重庆市规划局、江津、荣昌、巫溪、綦江等多地规划局或建委，以及万科、龙湖、和记、瑞安、金科、金融街、协信、富力、中海、首金、首创、宗中等各行业优秀客户长期选择的优秀数字媒体供应商，并与众多单位确立了战略合作伙伴关系。

同时巨蟹为各行业客户提供更具个性的定制化数字服务，更广泛提升数字媒体的供应商业应用价值。

客户一致的选择，就是品质最好的见证！

客户的肯定就是我们不断前进的动力！巨蟹始终秉承"专业、诚信、价值"的企业理念，努力建设一支让客户百分满意的卓越团队，矢志成为中国一流数字媒体品牌！

重庆久筑数码图像有限公司
Chongqing Jiuzhu Digital Image Co., Ltd.

公司成立于 2004 年，是一家建筑、景观、规划表现的专业化公司。我们秉承一贯认真、创新的工作作风，强调亲密和谐的团队精神和规范化的服务管理理念，受到合作者的一致肯定！

重庆市五色石电脑设计有限公司
Chongqing Wuseshi Graphics Design Co., Ltd.

重庆市五色石电脑设计有限公司是一家从事建筑外观、室内外效果图渲染表现的专业公司，是一群酷爱电脑表现的年轻人组成的团队。公司员工来自于美术、艺术设计、建筑学、计算机专业，有着共同的理想和抱负，具有强烈敏锐的感受力、发明创造力、美学鉴定能力和设计构想表达力！，利用高效率的品牌形象策划和高效能的行销执行设计方案帮助客户加强和巩固市场地位。本公司秉承顾客第一、信誉第一、质量第一、服务第一的宗旨，认真负责，精益求精，把设计师的理念和创作意图用高品质的效果图真实客观地表现出来，使之成为明天的城市新坐标。做到让每个客户高兴而来，满意而归！

大连蓝色海岸设计有限公司
Blue Coast CG

大连蓝色海岸设计有限公司始建于 2006 年，员工目前总共有 30 多名，均为来自于建筑学专业、美术专业和计算机专业的高级人才，对于建筑空间和数字技术应用都有着深刻的理解和丰富的实践经验。公司不断推陈出新，投资并加强技术开发和应用，从而使公司始终走在图形技术的最前沿。蓝色海岸整合了来自不同领域的技术资源，可以为客户提出全面的可视解决方案。在房地产和建筑领域，我们把建筑专业知识和影视广告创意有机地结合起来，得到了广大客户的认同。公司业务涵盖室内外建筑表现、建筑设计、建筑动画、多媒体制作等。本着以质量为企业生存之根本、始终保持着一流的制作水准及优质的服务意识。

杭州博凡数码影像设计有限公司
Hangzhou Bofan Digital Image Designing Co.,Ltd.

杭州博凡数码影像设计有限公司成立于 2004 年。成立以来，博凡一直关注行业发展趋势，以一个学习者的姿态学习国内外优秀建筑表现作品，不断进步，提高自身对建筑美学的艺术素养。经过长时间的学习，现已拥有一支专业的制作队伍。几年来，我们在工作中注重细节以及人性化服务，已赢得国际、国内众多设计单位的信赖和好评。在设计表现中，我们擅长融合东西方的不同文化背景，结合古典与现代的设计元素，开拓更高的国际视野，坚信专业成就品质。博凡坚持"规范化、专业化"的发展道路，立志打造建筑多元化表现行业的优秀品牌。我们以最大的热情为委托单位做好优质服务。

杭州创昱数码图像设计有限公司成立于 2005 年，公司以"专注技术，用心服务"为核心价值，一切以用户需求为中心，希望通过专业水平和不懈努力，为企业产品推广文化发展提供服务指导。创昱建筑效果图制作是一家专业从事高端设计、高品质效果图表现的团队，专业从事室内外、景观效果图表现，建筑 3D 动画制作及互动多媒体。

杭州（上海）创昱数码图像设计有限公司
Hangzhou(Shanghai) Chuangyu Image Design Co., Ltd.

杭州禾本数字科技有限公司
Hangzhou Heben Digital Technology Co., Ltd.

杭州弧引数字科技有限公司是杭州一家专业从事高端设计的建筑表现公司，专业从事室内外、景观、雕塑效果图表现，动画制作及多媒体制作。多年来积累了丰富的经验，团队里的成员都是身经百战，在表现行业里有一定知名度。
随着设计领域的迅速发展，追求完美的设计和高品质的表现已成为行业的竞争趋势，别出心裁的设计及构思方案，我们有着独特创新的手法表现出完美的作品，来说服客户的最佳条件，我们为设计师创造更有利的竞争条件。我们秉承着"专业、诚信、服务、质量"的宗旨和不断追求创新与完美的精神，坚决履行"您的满意，就是我们追求"的服务宗旨。

杭州弧引数字科技有限公司
Hangzhou Huyin Digital Technology Co., Ltd.

杭州巨思建筑设计咨询有限公司

Hangzhou Jusi Architectural Design Consultants Co., Ltd.

杭州巨思建筑设计咨询有限公司成立于 2012 年，诞生于美丽的人间天堂、设计业的硅谷——杭州。是一家集室内外效果图设计、多媒体设计、动画设计为一体的综合性设计服务公司。

公司创立至今，在专业服务、作品含金量等方面创下了辉煌业绩。现已与国内外多家单位达成长久而稳定的合作关系，本公司借鉴国内外优秀同行公司的管理模式及先进理念，结合本土运作方式和思路，凭借完善的管理制度和质量管理体系服务客户，能在工作中探索每个客户的个性化需求，根据客户不同的要求做出令客户满意的作品，争取每一件作品的完美与成功，受到了客户良好的赞誉。历经市场一年多的磨炼与洗礼，公司的服务与质量有口皆碑，已具备了以专业设计为主、建模、渲染、后期、多媒体制作于一体的全方面服务能力，服务范围涉及多个领域的各个行业。

公司秉承"诚信为本，客户至上，积极进取"的经营理念，并以"质量是第一工作"，"顾客的满意是我们的荣誉"作为我们永远不变的质量政策；以互帮互助、回报社会、关爱雇员等社会责任为己任；把"诚信、负责、创新、团队"作为巨思人不断的追求和目标，愿与广大朋友携手共创美好的明天！

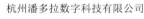

杭州景尚科技有限公司

Hangzhou Kingsun Science and Technology Co., Ltd.

杭州景尚科技有限公司是行业领先的效果图及相关产品制造公司，多年来一直致力于城市动画、房产动画、商业动画和城市三维仿真虚拟现实以及建筑效果图、区域规划效果图、园林景观效果图等多项产品。公司分布上海、杭州、嘉兴，拥有技术人员 100 余人。

杭州猎人数字科技有限公司

Hangzhou Lieren Digital Technology Co., Ltd.

杭州潘多拉数字科技有限公司

Pandora Digital Technology Co., Ltd.

杭州潘多拉数字科技有限公司成立于 2005 年，作为国内数字视觉技术行业的领先企业，公司定位以高科技产业为依托，以数字三维技术为核心，以文化产业为背景，提供与国际同步的全方位数字视觉创意服务，数字平台开发的创作和制作服务。潘多拉公司的核心业务是三维可视化产品的开发和应用服务，涉及的技术领域涵盖数字城市、建筑可视化、影视特效、3D 动画、虚拟现实、多媒体、网站制作、在线三维展示等多个专业以及 CG 教育培训；在大型活动、演示汇报、科普教育、影视制作及城市数字化建设等方面为客户提供基于交互式技术产品的创意、研发和实施的整体解决方案，满足不同领域、不同行业、不同场合的客户需求。

2007 年开始，潘多拉逐步开始国际化业务的尝试，与国际知名设计公司 KPF、SOM、GENSLER、AECOM 等展开了项目远程合作，并参与了上海世博会、2012APEC、数字扬州、杭州奥体博览城等重大项目，现已发展成为国内颇具影响力的数字视觉科技应用集团之一，拥有超过 150 人的专业人才团队。公司采用科学的组织管理架构，设立有建筑部、动画部、多媒体部、技术研发部、项目管理部等，每个部门均设有项目经理，采用项目经理管理机制，为客户提供更完美、更周到的服务，希望通过技术与创意的结合实现完美的作品，并希望每个项目的合作尝试都是潘多拉与客户长期合作的开始。

杭州同创建筑景观设计有限公司

Hangzhou Tongchuang Architecture and Landscape Design Co., Ltd.

杭州同创建筑景观设计有限公司成立于 2004 年初，长期为绿城集团、浙江绿城建筑设计有限公司、浙大设计院、中国美院建筑设计研究院、中国联合工程公司等国内知名公司提供优质的服务。公司主要从事建筑表现图及建筑动画多媒体的制作，经过长期积累拥有一支专业化的技术团队。公司对产品质量实行高标准、高要求，为客户提供最优质的服务，力求让客户满意。

杭州天朗数码影像设计有限公司

Hangzhou Teelan Digital Graphic Design

"天朗"，是一个追求建筑感染力的年轻人群，公司成立于 2003 年 1 月，现在已经发展为国内知名的数码影像服务公司。公司员工对建筑艺术充满热情和向往，对建筑有本质的理解，对建筑表现有独到的创新，且手法神惊仙叹。他们一直致力于建筑设计的数字化表现，结合城市规划、公共建筑、住宅建筑、景观、室内设计师们的工作，为他们提供并执行有效的解决方案。借助效果图表现、多媒体演示、游历动画等手法，勾勒其表达不凡的意图，希望通过技术与创意的结合实现完美作品。

杭州无影建筑设计咨询有限公司

Hangzhou Wuying Architectural Design Co., Ltd.

杭州无影建筑设计咨询有限公司成立于 2010 年 4 月 18 日。公司始终坚持以"技术创新、合作共赢、诚信高效、服务一流"为服务理念，以高新技术与品牌打造企业。我们有着专业的团队和成熟的技术，立志成为行业首屈一指的专业化的三维数字科技公司。

本公司的经营范围包括：建筑、景观设计表现，地产三维动画，多媒体制作，房产策划等业务。

公司是以数字视觉技术为核心，以建筑设计数字科技创意为先导，以文化产业为背景的专业型企业。公司倡导"追求完美卓越，进步永无止境"的技术制作理念，以品质占领市场为经营理念，本着提供高品质、高效率、信守承诺、服务好每一位客户的服务理念，强调在建筑表现形态上必须渗透内在文化理念。在今后的发展道路上将向更好、更快、更高、更强的高峰攀登，不断开拓、求实进取，期待着和您共同谋求长期的合作发展。我们热忱欢迎各界精英加盟，未来的日子里，让我们一起演绎经典，分享成长的快乐！

杭州炫蓝数字科技有限公司
Hangzhou Xuanlan Digital Technology Co., Ltd.

合肥东方石图像文化有限公司
Hefei Dongfangshi Graphics Design Co., Ltd.

黑龙江省日盛图像设计有限公司
Heilongjiang Risheng Image Design and Import
Co., Ltd.

河南灵度建筑景观设计咨询有限公司
Henan Lingdu Architecture&Landscape Design
Consulting Co., Ltd.

江苏印象乾图数字科技有限公司
Jiangsu Yinxiang Qiantu Digital Technology Co.,
Ltd.

洛阳张涵数码影像技术开发有限公司
Luoyang ZhangHan Digital Photo Technical
Development Company Ltd

宁波海曙城市印象图文设计有限公司

Ningbo Haishu City Impression Computer Craphics Design Co., Ltd.

本公司位于宁波海曙药行街 91 号都市仁和 3-11 号。主要经营范围为建筑室内外效果图、多媒体演示、三维动画等。

公司成立 6 年多来，本着"服务至上，诚信守信，质量第一"的工作态度，在效果图行业已经得到广大客户的认可。与多家设计院，房产公司建立了长期合作，是一个有着很大发展潜力和可持续发展能力的公司。

公司本着"做！就做最好！"的工作态度来对待每一个项目，争取用最好的质量和诚信热情的服务态度来赢得您的再次光临。

宁波江北筑景建筑表现设计中心

ArchitEctureLandScape

宁波江北筑景建筑表现设计中心成立于 1999 年，现有人员 20 余人，是宁波规模最大的专业电脑图像制作机构。服务内容涉及建筑效果图、建筑动画、多媒体方案制作，是建筑表现领域之专业集成服务商。本机构致力于运用最新软件技术，研创并拓展建筑表现视效领域之技术服务。公司成立以来，凭借踏实的经营理念、持之以恒的敬业精神、个性化的服务，取得了飞跃式发展，在宁波"筑景"品牌已深入人心，"筑景"作品为客户所信赖。公司与宁波各大设计单位、房产开发公司、咨询行销机构建立了长期密切的合作关系，承担了宁波大部分的重点、大型项目的制作，作品深受各界关注。在国内其他地区我们也有许多业务伙伴，项目涉及北京、上海、山东、重庆、台湾等许多城市。作为一个个性风格鲜明行业的企业，我们倍加推崇产品的品质，为此我们注重艺术修养的提升，不断开拓技术领域，建立组织完善的机构。作为一个专业技术服务商，完善的服务是公司生存与发展的另一块基石。因而我们注重制作过程中的每一个细节，注重客户每一点滴感受。最好的作品来自于最完美技术与最完善服务的完满组合。通过多年不懈的努力，已取得更广泛领域内的不俗业绩，拥有更广泛的客户，并逐步树立起筑景品牌在中国 CG 业的重要地位。不断超越自己，不断向前探索，是筑景公司始终如一的信念。

宁波芒果树图像设计有限公司

Mango Tree Vision Design Co., Ltd.

芒果树图像是一家立足于建筑绘画、建筑动画及三维领域，同时致力于开发虚拟现实和媒体等相关领域的公司。

芒果树图像设计有限公司特别注重服务的细节，注重与客户的沟通，为客户提供最专业的咨询，非常善于捕捉客户方案中的亮点，并在此基础上进行创作，加上严格的质量监督，最大限度地保证了提供给客户的成品品质和实用性。

芒果树图像设计有限公司在项目管理上采用项目负责人制，使用流水线的生产模式，将具有不同特点的技术人员安排在相应的制作环节中，最大限度地发挥了他们的天赋和工作热情，提高了工作效率，减少了项目成本，使芒果树的产品始终保持着良好而稳定的品质。

青禾建筑表现

宁波青禾建筑图像设计有限公司

Ningbo Qinghe Architecture Image Co., Ltd.

宁波青禾建筑图像设计有限公司成立于 2002 年 6 月，公司坐落在热闹繁华的市中心——天一豪景。公司主要从事专业效果图设计、多媒体应用、动画以及相关行业的专业咨询服务。公司现有员工 30 余人，拥有一支高素质的专业建筑、景观表现团队，由工艺美术、室内设计、建筑学、景观设计专业人员组成。认真、执着、诚信、敬业为我们的服务宗旨，充分发挥团队协作的力量和优势，努力表现出所有设计作品的精髓。

公司秉承高质量图纸、客户至上的原则，根据客户的要求，提供最出色、最专业的三维视觉艺术表现服务。伴随着近几年设计市场的发展，我们的团队也逐渐成长壮大起来，在和很多设计单位、建筑师、房产公司以及策划公司合作的几年时间里，我们所表现出的专业技能、团队精神与责任感得到了广大设计师及相关从业人员的一致肯定，并多次协助客户在投标中取得胜利。

作为服务行业，我们的团队总是能满足客户对图纸质量和时间进度的要求，诚信、高尚的品质是我们得以发展与壮大的宝贵财富。青禾人相信，只有我们团队有了稳定的图纸质量才能有稳定的客户和长期合作的伙伴。

FR⊓NT 前沿数字科技有限公司

宁波市前沿数字科技有限公司

Ningbo City Forefront of Digital Technology Limited Company

宁波市前沿数字科技有限公司主要从事建筑、景观表现、多媒体及三维动画制作。公司的技术团队是由建筑学专业、三维动画专业和美术专业人员组成的，对于建筑表现有着专业理解和丰富的经验。长期以来，公司高质量的服务获得了大批客户的肯定，并与众多设计院、房地产开发公司及设计事务所建立了持久、稳定的合作关系，所呈现的作品受到了客户单位的高度赞誉和业界的广泛好评。

EXPANSION 浩瀚
DIGITALTECHNOLOGY 数字科技

南昌浩瀚数字科技有限公司

Nanchang Haohan Digital Technology Co., Ltd.

南昌浩瀚数字科技有限公司正式成立于 2003 年 3 月，现在已经发展为国内知名的数字视觉科技应用公司，并相继成功成立了南昌、九江、红谷滩等分公司，数字视觉营销中心以及浩瀚数字视觉培训机构。公司目前拥有人才近 100 人，多数来自 CG 数码及影视行业之精英。

南昌浩瀚数字科技有限公司主要以三维技术为核心，融合多媒体手段在不同的科技领域进行实践并最终实现其运用价值。浩瀚起步于建筑表现领域，现有业务范围涉及建筑效果图设计、地产三维动画制作、建筑方案咨询、建筑表现可视化、影视广告、影视后期、多媒体整体解决方案，展览展示解决方案及 CG 教育等，并在工业设计、医疗机械设计、数字城市、CG 游戏等领域积极创新。公司主要服务于房地产开发公司、城市规划公司、设计公司、建筑设计研究院、景观园林设计公司、医疗器械行业和汽车行业等。

IFORGE
南昌锐意装饰工程咨询有限公司

南昌锐意装饰工程咨询有限公司

Nanchang Forge Decoration Engineering Consulting Co., Ltd.

锐意装饰工程咨询有限公司成立于 2010 年，专注于可视化表现、数字城市、虚拟现实、三维动漫、影视后期、视觉创意、多媒体等业务，成员都是业内精英，经过多重的实战，拥有了与国内外企业成功合作的经验。我们不仅要求我们的作品在视觉上突破传统，更将设计理念和表现艺术完美结合，用完美的技术服务满足顾客要求是我们的经营理念，"高品质、精确、快捷、实惠"是我们的制作准则。

我们的目标是"用最先进的表现技术融入到客户的设计理念中去，用最完美的表现技术为客户打造最精美的图像效果"。

我们将以专业的素质，力求完美的工作态度，挖掘客户产品或品牌的价值与潜力，为客户提供准确、完善、高质量的服务。

"用心做好"是我们长期的宗旨和服务理念！

苏州市博克撕建筑设计咨询有限公司
Suzhou Box Architectural Design Consultants Co., Ltd.

苏州博克撕建筑设计咨询有限公司是一家从事建筑表现、三维动画、多媒体演示及宣传策划的专业设计公司。建筑表现是我公司在行业领域中的一项专长。我们拥有一批建筑学、室内外设计和美术专业的人才，对于设计理念和表现手法，有着独到的理解和多年丰富的经验。我们公司倡导独立的个性和主观潜质的积极发挥，力求建筑视觉和审美艺术的完美结合。正是基于对建筑设计师意图的精确诠释、设计理念的深刻认识和独树一帜的设计风格，我们才能在与同行的竞争中脱颖而出。

公司自创立以来，迅猛发展，也随着公司的不断开拓和完善，实现了科学的分工、系统的管理、优越的福利待遇、浓郁的企业文化，为员工提供了一个良好的发展平台。同时优质的服务和出色的业绩让我们与多家知名建筑设计公司建立了长期的友好合作关系。公司始终以"质量、效率、诚信、服务"为宗旨，贯彻"以人为本、追求卓越、精益求精"的经营理念，以最大限度满足客户需要为目标，不断创作出更多、更优秀、更有个性的作品。

苏州斯巴克林建筑设计表现有限公司
Suzhou Siba Kelin Architecture Visualization Co., Ltd.

斯巴克林认为设计从来就不是个人艺术意志的产物，它从来都是合作的结果。我们需要通过调整适应时代的物质与文化发展来提升客户的目标。

作为设计表现者，我们能够发现那些有助于形成一种远景目标的机会，然后通过设计的语言去诠释远景的目标。

作为项目的美化者，我们更善于找到那些确保项目成功与否的关键因素，从而进行有效的控制。

"最专业的设计表现者"抱以这样的思想，我们开始了斯巴克林的成长之路。

沈阳帧帝三维建筑艺术有限公司
Shenyang Framking 3D Architecture & Art Co., Ltd.

帧帝三维公司正式成立于 1997 年，是建设厅批准的民营设计机构。自公司成立之日起，一直致力于建筑表现、室内设计、景观设计、项目前期策划、三维动画及多媒体等领域的开拓和发展。以其专业的技术、优质的服务在建筑业内已享有一定的知名度，深得广大客户的青睐和好评。

公司现有员工 65 人，其中有国家二级注册建筑师、二级注册结构工程师、室内设计师、景观设计师，能深入了解项目，并以超前的设计理念将之设计并实现。特别是在建筑表现、景观设计及室内设计方面具备超强的实力，精品之作层出不穷。

公司凭借雄厚的实力、专业的技术、周到的服务，与众多的设计院、房地产开发公司、房地产经纪公司、广告公司、建筑工程公司、装饰工程公司、外墙装饰公司、策划公司等保持长期友好的合作关系。

温州焕彩文化传媒有限公司
Wenzhou Huancai Media Co., Ltd.

本公司专注于建筑外观效果图表现、规划类效果图表现、景观效果图表现、建筑动漫等制作领域。

西安三川数码图像开发有限责任公司
Xi'an Sanchuan Digital Image Import Co., Ltd.

西安三川数码图像开发有限责任公司成立于 2004 年，并长期从事电脑技术在视觉艺术领域的应用。公司主要致力于建筑表现及建筑创作方面的研究和工作，业务领域涉及建筑效果图、建筑动画、多媒体与平面设计、建筑制图培训等领域。公司团队依靠着创造的激情参与制作了众多西北地区的重大项目，并深得客户的认同。

厦门众汇 ONE 数字科技有限公司
Xiamen Zonehui ONE Digital Technology Co., Ltd.

厦门众汇 ONE 数字科技有限公司成立于 2008 年，公司定位为"以高科技产业为依托，以数字视觉技术为核心，以文化产业为背景"的综合服务型企业。

众汇 ONE 专注于建筑表现，规划、景观、室内等可视化表现，建筑三维动画及多媒体制作，建筑、景观、室内方案设计等业务。我们的团队有着丰富的建筑设计与表现经验，确保我们对所从事的行业有着合理的认知和深刻的理解，从而准确地表达和展示客户的设计意图，协助客户达到理想预期。在众汇 ONE 现有三十多名员工的拼搏和奋斗下，凭借着在核心技术上的优势，服务质量上的不断提升，公司长期以来得到客户的认可和肯定。在今后的合作中，我们将会不断完善自身的职业素质及创新能力，为客户提供更好的服务。

郑州指南针视觉艺术设计有限公司
Zhengzhou Compass Vision Art Design Co., Ltd.

郑州指南针视觉艺术设计有限公司成立于 2007 年，主要致力于建筑表现、建筑动画、多媒体演示等领域。

我们是一支充满活力和朝气的新锐设计团队，我们始终秉承"与时俱进，精益求精"的服务理念，作品在得到业内人士充分肯定的同时也被很多知名刊物所采纳，更与国内外各大建筑设计院建立了良好的合作关系。

键盘、鼠标是我们的绘图工具，颜色、体块是我们的想象空间，我们誓将技术变成艺术！

我们在不断努力，追求完美是我们的原动力！